A MATEMÁTICA NOS ANOS INICIAIS DO ENSINO FUNDAMENTAL

TECENDO FIOS DO ENSINAR E DO APRENDER

⊞ COLEÇÃO TENDÊNCIAS EM EDUCAÇÃO MATEMÁTICA

A MATEMÁTICA NOS ANOS INICIAIS DO ENSINO FUNDAMENTAL

TECENDO FIOS DO ENSINAR E DO APRENDER

Adair Mendes Nacarato
Brenda Leme da Silva Mengali
Cármen Lúcia Brancaglion Passos

3ª edição
2ª reimpressão

autêntica

Copyright © 2009 As autoras
Copyright © 2009 AAutêntica Editora

Todos os direitos reservados pela Autêntica Editora Ltda. Nenhuma parte desta publicação poderá ser reproduzida, seja por meios mecânicos, eletrônicos, seja via cópia xerográfica, sem a autorização prévia da Editora.

COORDENADOR DA COLEÇÃO
TENDÊNCIAS EM EDUCAÇÃO MATEMÁTICA
Marcelo C. Borba (Pós-Graduação em Educação Matemática/UNESP, Brasil)

CONSELHO EDITORIAL
*Airton Carrião (COLTEC/UFMG, Brasil),
Hélia Jacinto (Instituto de Educação/
Universidade de Lisboa, Portugal),
Jhony Alexander Villa-Ochoa (Faculdade de Educação/Universidade de Antioquia, Colômbia), Maria da Conceição Fonseca (Faculdade de Educação/UFMG, Brasil),
Ricardo Scucuglia da Silva (Pós-Graduação em Educação Matemática/UNESP, Brasil)*

EDITORAS RESPONSÁVEIS
*Rejane Dias
Cecília Martins*

REVISÃO
Dila Bragança de Mendonça

PROJETO DE CAPA
Diogo Droschi

DIAGRAMAÇÃO
Camila Sthefane Guimarães

Dados Internacionais de Catalogação na Publicação (CIP)
(Câmara Brasileira do Livro, SP, Brasil)

Nacarato, Adair Mendes
  A matemática nos anos iniciais do ensino fundamental : tecendo fios do ensinar e do aprender / Adair Mendes Nacarato, Brenda Leme da Silva Mengali, Cármen Lúcia Brancaglion Passos. – 3. ed.; 2. reimp. – Belo Horizonte : Autêntica , 2023. – (Tendências em Educação Matemática)

  Bibliografia.
  ISBN 978-85-513-0647-5

  1. Ensino fundamental 2. Matemática - Estudo e ensino 3. Matemática - Formação de professores I. Mengali, Brenda Leme da Silva. II. Passos, Cármen Lúcia Brancaglion. III. Título. IV. Série.

09-04379   CDD-510.78

Índices para catálogo sistemático:
1. Ensino de matemática para ensino fundamental   510.78

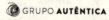

Belo Horizonte
Rua Carlos Turner, 420
Silveira . 31140-520
Belo Horizonte . MG
Tel.: (55 31) 3465 4500

São Paulo
Av. Paulista, 2.073 . Conjunto Nacional
Horsa I . Sala 309 . Bela Vista
01311-940 . São Paulo . SP
Tel.: (55 11) 3034 4468

www.grupoautentica.com.br
SAC: atendimentoleitor@grupoautentica.com.br

Nota do coordenador

A produção em Educação Matemática cresceu consideravelmente nas últimas duas décadas. Foram teses, dissertações, artigos e livros publicados. Esta coleção surgiu em 2001 com a proposta de apresentar, em cada livro, uma síntese de partes desse imenso trabalho feito por pesquisadores e professores. Ao apresentar uma tendência, pensa-se em um conjunto de reflexões sobre um dado problema. Tendência não é moda, e sim resposta a um dado problema. Esta coleção está em constante desenvolvimento, da mesma forma que a sociedade em geral, e a, escola em particular, também está. São dezenas de títulos voltados para o estudante de graduação, especialização, mestrado e doutorado acadêmico e profissional, que podem ser encontrados em diversas bibliotecas.

A coleção Tendências em Educação Matemática é voltada para futuros professores e para profissionais da área que buscam, de diversas formas, refletir sobre essa modalidade denominada Educação Matemática, a qual está embasada no princípio de que todos podem produzir Matemática nas suas diferentes expressões. A coleção busca também apresentar tópicos em Matemática que tiveram desenvolvimentos substanciais nas últimas décadas e que podem se transformar em novas tendências curriculares dos ensinos fundamental, médio e superior. Esta coleção é escrita por pesquisadores em Educação Matemática e em outras áreas da Matemática, com larga experiência docente, que pretendem estreitar as interações entre a Universidade – que produz pesquisa – e os diversos cenários em que se realiza essa educação. Em alguns livros, professores da educação básica se tornaram também autores. Cada livro indica uma extensa bibliografia na qual o leitor poderá buscar um aprofundamento em certas tendências em Educação Matemática.

Neste livro, as autoras discutem o ensino de matemática nas séries iniciais do ensino fundamental num movimento entre o aprender e o ensinar. Consideram que essa discussão não pode ser dissociada de uma mais ampla, que diz respeito à formação das professoras polivalentes – aquelas que têm uma formação mais generalista em cursos de nível médio (Habilitação ao Magistério) ou em cursos superiores (Normal Superior e Pedagogia). Nesse sentido, elas analisam como têm sido as reformas curriculares desses cursos e apresentam perspectivas para formadores e pesquisadores no campo da formação docente. O foco central da obra está nas situações matemáticas desenvolvidas em salas de aula dos anos iniciais. A partir dessas situações, as autoras discutem suas concepções sobre o ensino de matemática a alunos dessa faixa etária, o ambiente de aprendizagem a ser criado em sala de aula, as interações que ocorrem nesse ambiente e a relação dialógica entre alunos-alunos e professora-alunos que possibilita a produção e negociação de significado.

Marcelo Carvalho Borba[*]

---

[*] Marcelo de Carvalho Borba é licenciado em Matemática pela UFRJ, mestre em Educação Matemática pela Unesp (Rio Claro, SP) doutor, nessa mesma área pela Cornell University (Estados Unidos) e livre-docente pela Unesp. Atualmente, é professor do Programa de Pós-Graduação em Educação Matemática da Unesp (PPGEM), coordenador do Grupo de Pesquisa em Informática, Outras Mídias e Educação Matemática (GPIMEM) e desenvolve pesquisas em Educação Matemática, metodologia de pesquisa qualitativa e tecnologias de informação e comunicação. Já ministrou palestras em 15 países, tendo publicado diversos artigos e participado da comissão editorial de vários periódicos no Brasil e no exterior. É editor associado do ZDM (Berlim, Alemanha) e pesquisador 1A do CNPq, além de coordenador da Área de Ensino da CAPES (2018-2022).

Sumário

Introdução 9

PARTE I
Aprender e ensinar matemática nos anos iniciais

Capítulo I
A formação matemática da professora polivalente:
desafios de ensinar o que nem sempre aprendeu 13

PARTE II
O fazer matemático nos anos iniciais

Capítulo II
Um ambiente para ensinar e aprender matemática 37

Capítulo III
O papel do registro do aluno e do professor para os processos
de comunicação e argumentação nas aulas de matemática 45

Capítulo IV
A produção de significados matemáticos 71

Capítulo V
Possibilidades e desafios da interdisciplinaridade
nas séries iniciais: a matemática e outras
áreas do conhecimento 89

PARTE III
Perspectivas para práticas de formação e de pesquisa

Capítulo VI
A formação matemática das professoras polivalentes:
algumas perspectivas para práticas e investigações 111

Referências 128

Introdução

Discutir o ensino de Matemática nas séries iniciais do ensino fundamental. Esse foi o desafio a que nos propusemos. Há muito a dizer e narrar sobre práticas de sala de aula e sobre a formação das profissionais que atuam nesse nível de ensino – também conhecido como ensino fundamental I. Não queríamos apenas abordar a formação docente e as lacunas na formação matemática dessas profissionais, mas também trazer contextos significativos da matemática escolar que pudessem contribuir para o debate e para as reflexões sobre as práticas que são e podem ser desenvolvidas com estudantes.

Para atender a tal expectativa, constituímos uma parceria: duas professoras de matemática com experiências na sala de aula da escola básica (ensino fundamental II e ensino médio) e na formação docente (Adair e Cármen) e uma professora de matemática recém-formada (Brenda), mas atuante em salas de aula das séries iniciais, por ser portadora da habilitação ao magistério em nível médio. Assim, a produção do presente livro consistiu num trabalho colaborativo, no qual as diferentes vozes foram se cruzando, (entre)tecendo-se na narrativa que buscamos produzir.

Mas o desafio ainda não estava superado. Qual seria a abordagem? Seria um livro de metodologia de ensino de matemática? De fundamentos da matemática? Difícil decisão!

Optamos por produzir um livro no qual as ações de aprender e de ensinar fossem se entrecruzando, tecendo-se mutuamente. Decidimos, então, organizar a obra em três partes.

Na primeira parte, constituída pelo capítulo I, apresentamos algumas reflexões sobre a formação docente da professora polivalente, tradicionalmente entendida como a docente que atua na educação infantil e nas séries iniciais do ensino fundamental e que, embora tenha de ensinar todas as disciplinas que compõem o currículo, tem uma formação generalista – oferecida antigamente pelos chamados cursos de Habilitação ao Magistério em nível médio e, atualmente, pelo curso Normal Superior ou de Pedagogia.

Para tal, fazemos uma breve retrospectiva das últimas reformas curriculares – tanto da educação básica quanto da formação docente – com o objetivo de evidenciar o quanto os cursos de formação inicial têm deixado de formar professoras que deem conta de acompanhar as reformas curriculares dos últimos anos. As lacunas nos processos formativos colocam essas professoras diante do desafio de ensinar conteúdos específicos de uma forma diferente da que aprenderam, além de precisarem romper com crenças cristalizadas sobre práticas de ensino de matemática pouco eficazes para a aprendizagem dos alunos.

Na parte II, por nós denominada de "O fazer matemático nos anos iniciais", temos como objetivo trazer contextos de sala de aula que ilustrem nossas concepções sobre a prática de ensinar matemática a estudantes desse nível de ensino. Inicialmente, no capítulo II, apresentamos alguns pressupostos teóricos que dão sustentação às práticas discutidas nos capítulos seguintes. Nos capítulos III, IV e V, trazemos experiências de sala de aula da professora Brenda, na perspectiva de um ambiente de aprendizagem pautado no diálogo, nas interações e na negociação e produção de significados.

Na terceira e última parte – capítulo VI – apontamos alguns desafios e perspectivas para práticas de formação e de pesquisa com professoras que atuam nas séries iniciais.

Enfim, esperamos que este livro, embora não seja exclusivamente de metodologia de ensino de matemática, possa contribuir tanto para professoras polivalentes quanto para formadores(as) e pesquisadores(as) envolvidos(as) com a formação dessas profissionais.

As autoras

PARTE I

APRENDER E ENSINAR MATEMÁTICA NOS ANOS INICIAIS

> Como professor não me é possível ajudar o educando a superar sua ignorância se não supero permanentemente a minha. Não posso ensinar o que não sei.
>
> FREIRE, 1996, p. 95

Capítulo I

A formação matemática da professora polivalente: desafios de ensinar o que nem sempre aprendeu

Neste capítulo trazemos algumas reflexões sobre os desafios de aprender e ensinar matemática nas séries iniciais, postos às professoras[1] que atuam nesse segmento de ensino. Inicialmente, faremos uma breve retrospectiva dos documentos curriculares das últimas três décadas e suas principais consequências para o ensino de matemática nas séries iniciais. Essa retrospectiva tem por objetivo refletir sobre como pode ter ocorrido a formação das professoras (futuras ou em exercício) enquanto estudantes da educação básica no período de reformas que abordaremos a seguir. Num segundo momento, olhamos para as alunas da pedagogia (futuras professoras) e analisamos as últimas reformas ocorridas nos cursos de formação inicial, bem como as crenças que elas foram construindo a partir dos modelos de aulas de matemática da escola básica. Finalmente, apontamos alguns desafios postos ao exercício profissional dessas professoras: aprender e ensinar matemática.

As ideias aqui defendidas serão retomadas na segunda parte deste livro, quando traremos situações reais de sala de aula.

---

[1] Optamos em utilizar a categoria de profissionais "professores das séries iniciais" no feminino pelo fato de as mulheres serem a maioria.

A Matemática nos anos iniciais: retrospectiva curricular

É inegável que nos últimos trinta anos o Brasil tem assistido a um intenso movimento de reformas curriculares para o ensino de matemática. Na década de 1980, a maioria dos estados brasileiros elaborou suas propostas curriculares tanto no sentido de atender a uma necessidade interna do País – fim de um período de ditadura militar e reabertura democrática – quanto com vistas a acompanhar o movimento mundial de reformas educacionais.

Como nos diz Pires (2000, p. 35), referindo-se a essas reformas,

> [...] o homem parece começar a tomar consciência da iminência do desastre planetário, da explosão demográfica, da redução dos recursos naturais. Desse modo, novos paradigmas emergem e trazem, como consequência, desafios à educação e, em particular, ao ensino da Matemática.

Os currículos de matemática elaborados nessa década, na maioria dos países, trazem alguns aspectos em comum, que se podem dizer inéditos quanto ao ensino dessa disciplina: alfabetização matemática; indícios de não linearidade do currículo; aprendizagem com significado; valorização da resolução de problemas; linguagem matemática, entre outros.

Esses aspectos, de certa forma, fizeram-se presentes nas propostas curriculares dos estados brasileiros. Carvalho (2000), ao analisar essas propostas, aponta pontos tanto positivos quanto negativos. Quanto aos positivos, no que se refere ao nível das séries iniciais do ensino fundamental, podemos destacar os seguintes, indicados pelo autor (p. 122-123):

- o tratamento e análise de dados por meio de gráficos;
- a introdução de noções de estatística e probabilidade; [..]
- o desaparecimento da ênfase na teoria dos conjuntos; [..]
- a percepção de que a matemática é uma linguagem;
- o reconhecimento da importância do raciocínio combinatório;

- um esforço para embasar a proposta em estudos recentes de educação matemática;
- o reconhecimento da importância do raciocínio combinatório;
- a percepção de que a função da Matemática escolar é preparar o cidadão para uma atuação na sociedade em que vive.

No que se refere aos aspectos negativos dessas propostas, Carvalho (2000) destaca, por exemplo, que ainda predominava a grande ênfase no detalhamento dos conteúdos e nos algoritmos das operações, em detrimento dos conceitos, sem, no entanto, oferecer ao professor sugestões de abordagens metodológicas compatíveis com a filosofia anunciada na proposta. Muitas dessas propostas traziam orientações gerais, que pouco contribuíam para a atuação do professor em sala de aula. Havia também ausência de referências ao tratamento de habilidades tidas como fundamentais para o desenvolvimento do pensamento matemático, como cálculo mental, estimativas e aproximações.

A maioria dessas propostas apresentava uma intenção "construtivista" – tendência didático-pedagógica bastante forte na educação brasileira nessa década. Ou seja, como analisa Carvalho (2000), tais propostas sugeriam a criação de ambientes em que os alunos pudessem construir conceitos matemáticos. No entanto, as orientações gerais dadas aos professores pouco contribuíam para o exercício profissional.

Há que considerar também que nessa época as professoras das séries iniciais, em sua maioria, tinham uma formação em nível médio – antigo curso de habilitação ao magistério que lhes dava certificação para atuar na educação infantil e séries iniciais do ensino fundamental. Se, por um lado, alguns desses cursos tinham uma proposta pedagógica bastante interessante, por outro, na maioria deles não havia educadores matemáticos que trabalhassem com as disciplinas voltadas à metodologia de ensino de matemática – muitos eram pedagogos, sem formação específica. Decorria daí, muitas vezes, uma formação centrada em processos metodológicos, desconsiderando os fundamentos da matemática. Isso implicava uma formação com muitas lacunas conceituais nessa área do conhecimento.

Se os cursos de habilitação ao magistério pouco contribuíram com a formação matemática das futuras professoras, os cursos de pedagogia, na maioria das instituições superiores, mostravam-se ainda mais deficitários. Como destacado por Curi (2005), na grade curricular dos cursos de pedagogia raramente são encontradas disciplinas voltadas à formação matemática específica dessas professoras.

Com esse quadro, é possível supor que as professoras, em sua prática, pouco compreendiam das novas abordagens apresentadas para o ensino de matemática nos documentos curriculares. Nossa experiência como formadoras revela que a maioria das professoras não conseguia compreender os princípios dessas propostas – em especial no Estado de São Paulo, contexto de nossa atuação.

Não há como deixar de destacar que o Estado de São Paulo, na década de 1980, através da Coordenadoria de Estudos e Normas Pedagógicas (CENP), teve uma forte atuação no sentido não apenas de produzir materiais de excelente qualidade para a prática pedagógica, como também de investir na formação continuada de professores, por meio das monitorias de disciplinas – da maioria das disciplinas que compunham o currículo da educação básica – existentes nas Delegacias de Ensino. No entanto, sabemos que mesmo investimentos como esses não conseguiram abranger a totalidade das professoras. Muitas continuaram com suas aulas de matemática com as mesmas abordagens de décadas anteriores: ênfase em cálculos e algoritmos desprovidos de compreensão e de significado para os alunos; foco na aritmética, desconsiderando outros campos da matemática, como a geometria e estatística.

Além disso, os livros didáticos – ferramenta considerada imprescindível para o professor de qualquer nível – por terem caráter nacional, não conseguiram incorporar a maioria dos princípios contidos nas propostas estaduais.

Na década de 1990 o Brasil iniciou uma série de reformas educacionais. Há que destacar a LDB (Lei 9.394/96) que, entre outras mudanças, instituiu a formação em nível superior da professora que atua nas séries iniciais (ou professora polivalente) – em cursos de pedagogia ou normal superior. Propôs também em seu artigo 26, que os currículos do ensino fundamental e do ensino médio tivessem uma base nacional comum. Nesse sentido, desde 1995, conforme destaca Pires (2000), a Secretaria da Educação do Ensino Fundamental do Ministério da Educação e do Desporto já iniciara o trabalho de elaboração de um currículo nacional para o ensino fundamental: Parâmetros Curriculares Nacionais (PCN) – dividido em quatro ciclos: 1º ciclo, envolvendo 1ª e 2ª séries; 2º ciclo, 3ª e 4ª séries; 3º ciclo, 5ª e 6ª séries; e 4º ciclo, 7ª e 8ª séries.

No documento relativo à matemática do 1º e 2º ciclos, em sua parte introdutória (BRASIL, 1997), há uma análise do contexto do ensino dessa disciplina, apontando como um dos problemas o processo de formação do professor – tanto a inicial quanto a continuada – e a consequente dependência deste em relação ao livro didático, o qual muitas vezes tem qualidade insatisfatória.

Esse documento trouxe, sem dúvida, questões inovadoras quanto ao ensino de matemática, entre as quais Pires (2000, p. 57) destaca: a matemática colocada como instrumento de compreensão e leitura de mundo; o reconhecimento dessa área do conhecimento como estimuladora do "interesse, curiosidade, espírito de investigação e o desenvolvimento da capacidade de resolver problemas". Segundo a autora, há, no documento, indicativos de ruptura com a linearidade do currículo, uma vez que ele destaca a importância de estabelecer conexões entre os diferentes blocos de conteúdos, entre a matemática e as demais disciplinas, além da exploração de projetos que possibilitem a articulação e a contextualização dos conteúdos.

O documento também enfatiza a importância de trabalhar tanto com conceitos quanto com procedimentos matemáticos, com os processos de argumentação e comunicação de ideias, utilizando-se de "alguns caminhos para 'fazer Matemática' na sala de aula", como o recurso à resolução de problemas; à história da matemática; às tecnologias da informação; aos jogos. Outra inovação presente no documento diz respeito à inclusão do bloco de conteúdos referentes ao tratamento da informação.

Se, nas décadas anteriores, havia uma dicotomia entre os documentos curriculares e os livros didáticos, a partir da publicação dos PCN, o MEC também investiu na avaliação dos livros didáticos, de forma a buscar certa sintonia entre os princípios teórico-metodológicos do documento curricular e a proposta pedagógica do livro. No entanto, esse processo não garante nem a qualidade do ensino de matemática proposto pelos livros nem a compreensão que a professora tem das propostas apresentadas. Além disso, na maioria das vezes, o critério de escolha do livro didático pauta-se na proximidade da proposta apresentada com as crenças que a professora tem sobre o que seja ensinar matemática.

É importante destacar que as tendências para o ensino de matemática presentes nos PCN estão alinhadas com o movimento educacional mais amplo, em especial, aquele decorrente da Conferência Educação para Todos, realizada em Jomtien/Tailândia, em 1990, organizada pela Unesco e pelo Banco Mundial, da qual participaram representantes dos diferentes países. A partir do documento gerado nessa conferência, Declaração Mundial sobre Educação para Todos da Unesco, alguns indicativos para o ensino de Matemática foram delineados: há indicação explícita à importância de conhecimentos como a resolução de problemas, "como **instrumentos de aprendizagem essenciais** (ao lado de outros como a leitura, a escrita e o cálculo)" (ABRANTES; SERRAZINA; OLIVEIRA, 1999, p. 9, grifos dos autores) e destaque para outros conhecimentos básicos – as capacidades, os valores e as atitudes.

Nos últimos anos (2006 a 2008), alguns estados brasileiros voltaram a reformular suas propostas curriculares. Destacamos o Estado de São Paulo que em 2007 iniciou a elaboração de novas propostas curriculares. Enquanto para o ensino fundamental II (5ª a 8ª séries) e ensino médio a proposta já foi publicada em início de 2008, a do ensino fundamental I (1ª a 4ª séries) foi editada apenas na versão preliminar e contém: (a) concepção do que seja aprender e ensinar Matemática; (b) os objetivos gerais do ensino de Matemática no ciclo I; (c) as expectativas de aprendizagem para cada série; (d) orientações didáticas para o ensino de matemática. Não se constatam diferenças entre os objetivos e os princípios apontados no documento em relação àqueles dos PCN. Assim como nos PCN, as orientações didáticas são vagas, o que exige uma professora conhecedora da matemática para esse nível de ensino. No que diz respeito aos princípios, reitera-se, como em documentos anteriores, a necessidade de que o aluno seja "o agente da construção de seu conhecimento quando, numa resolução de problemas, ele é estimulado a estabelecer conexões entre os conhecimentos já construídos e os que precisa aprender" (São Paulo, 2008, p. 2). No entanto, o documento pouco esclarece sobre a concepção de resolução de problemas – um campo bastante polissêmico e pouco compreendido pelas professoras, como discutiremos no capítulo posterior.

Em síntese, podemos dizer que adentramos o século XXI com uma efervescência de ideias inovadoras – pelo menos nas práticas discursivas curriculares – quanto ao ensino de Matemática. A questão que se coloca é: a formação que vem sendo oferecida às professoras das séries iniciais tem levado em consideração esses documentos curriculares – tanto para conhecimento e compreensão quanto para críticas?

A formação matemática da professora polivalente

A formação docente para atuação nas séries iniciais do ensino fundamental vem ocorrendo nos cursos de pedagogia e normal superior. Curi (2005), em sua pesquisa, analisou como as instituições de ensino superior incorporaram as orientações oficiais quanto à formação docente, com ênfase na oferta de disciplinas voltadas à formação matemática dos futuros professores e suas respectivas ementas. Segundo ela, 90% dos cursos de pedagogia priorizam as questões metodológicas como essenciais à formação desse profissional, porém as disciplinas que abordam tais questões têm uma carga horária bastante reduzida.

Evidentemente, não é possível avaliar a qualidade da formação oferecida, tomando por base apenas as ementas dos cursos – as quais, muitas vezes, cumprem apenas um papel burocrático das instituições. No entanto, a autora aponta aspectos que merecem reflexão, por exemplo, a ausência de indicações de que os futuros professores vivenciem a prática da pesquisa em educação matemática, principalmente no que diz respeito ao ensino e à aprendizagem nas séries iniciais. Destaca também a ausência de referências aos fundamentos da matemática.

No que diz respeito aos cursos normais superiores, a situação não é muito diferente, até porque essa modalidade de curso ainda é recente no País, e há um número reduzido deles.

Podemos, então, dizer que as futuras professoras polivalentes têm tido poucas oportunidades para uma formação matemática que possa fazer frente às atuais exigências da sociedade e, quando ela ocorre na formação inicial, vem se pautando nos aspectos metodológicos.

A retrospectiva sobre o movimento de reforma curricular nos possibilita entender as lacunas matemáticas que as professoras polivalentes trazem. Se há 30 anos o País tem vivido um intenso movimento curricular, seria de se esperar que qualquer jovem, na faixa etária de 18 a 25 anos, tivesse sido escolarizado dentro desses princípios inovadores com relação ao ensino de matemática. No entanto, essa realidade ainda está distante. Essa será nossa discussão na próxima seção, em que traremos relatos de alunas do curso de pedagogia – futuras professoras que atuarão na educação infantil e nas séries iniciais do ensino fundamental – sobre sua formação matemática.

Crenças e sentimentos
em relação à matemática e seu ensino

O que leva uma professora a construir determinado modelo de aula de matemática? Como as práticas de sala de aula vão sendo apropriadas e naturalizadas pelas professoras – futuras ou em exercício?

Essas questões merecem reflexão e, como discutido na seção anterior, há necessidade de conhecer as experiências com a matemática que as futuras professoras já vivenciaram durante sua escolarização. Diferentes autores têm discutido o quanto a professora é influenciada por modelos de docentes com os quais conviveu durante a trajetória estudantil, ou seja, a formação profissional docente inicia-se desde os primeiros anos de escolarização.

Pensando a partir dessa lógica e tomando o momento atual como referência, poderíamos dizer que as futuras professoras – alunas de 20 a 25 anos – foram expostas a novas práticas de ensino de matemática, visto que tiveram sua trajetória estudantil na escola básica dentro do período de reformas curriculares (pós-década de 1980).

No entanto, qualquer formador(a) que atue num curso de pedagogia sabe que isso não é real. Por um lado, a formação matemática dessas alunas está distante das atuais tendências curriculares; por outro lado, elas também trazem marcas profundas de sentimentos negativos em relação a essa disciplina, as quais implicam, muitas vezes, bloqueios para aprender e para ensinar.

Como consequência desse distanciamento entre os princípios dos documentos curriculares e as práticas ainda vigentes na maioria das escolas, essas futuras professoras trazem crenças arraigadas sobre o que seja matemática, seu ensino e sua aprendizagem. Tais crenças, na maioria das vezes, acabam por contribuir para a constituição da prática profissional. Para ilustrar esse argumento e evidenciar nossas reflexões anteriores, trazemos aqui algumas crenças de alunas de cursos de pedagogia quanto ao ensino e à aprendizagem de matemática.

Não é nossa intenção definir o que são as crenças, mesmo porque se trata de um conceito polissêmico.[2] Alguns autores as usam como sinônimos de concepções, outros como sinônimos de visões, alguns outros as diferenciam, e outros ainda as incluem, juntamente com as concepções, no sistema de conhecimento do professor. Importa-nos considerar as conclusões de Thompson (1997, p. 40) de que:

> [...] crenças, visões e preferências dos professores sobre a matemática e seu ensino, desconsiderando-se o fato de serem elas conscientes ou não, desempenham, ainda que sutilmente, um significativo papel na formação dos padrões característicos do comportamento docente dos professores.

Defendemos também que essas crenças são construídas historicamente; daí a importância de analisar, em cursos de formação, a trajetória profissional das professoras para identificar quais são essas crenças e como elas podem ser trabalhadas para ser rompidas e/ou transformadas.

---

[2] Sugerimos a leitura do livro de Chacón (2003) ou do texto de Thompson (1997).

Embora alguns autores façam classificações dos tipos de crenças, entendemos que, em se tratando de formação docente, elas precisam ser trabalhadas inter-relacionadas, pois se elas influenciarão o modo de se constituir professora, não há como separar as crenças dos diferentes saberes que compõem o repertório de saberes profissionais. O modo como uma professora ensina traz subjacente a ele a concepção que ela tem de matemática, de ensino e de aprendizagem.

Vamos nos apoiar nos trabalhos de Chacón (2003, p. 64). Assim, podemos pensar em crenças quanto à natureza da matemática e crenças quanto à perspectiva do ensino e da aprendizagem.

No que diz respeito às crenças sobre a natureza da matemática, Chacón (2003) considera três perspectivas: (a) matemática como ferramenta (visão utilitarista); (b) matemática como corpo estático e unificado de conhecimento (visão platônica); (c) matemática como um campo de criação humana, portanto um campo aberto e de verdades provisórias (ênfase na resolução de problemas).

Quanto aos modelos sobre a natureza do ensino (modelo de ensino) e da aprendizagem da matemática, podem ser destacadas crenças diretamente relacionadas à natureza da matemática, como: (a) modo prescritivo de ensinar, com ênfase em regras e procedimentos (visão utilitarista); (b) ensino com ênfase nos conceitos e na lógica dos procedimentos matemáticos (visão platônica); e (c) ensino voltado aos processos gerativos da matemática, com ênfase na resolução de problemas (visão da matemática como criação humana). Nos dois primeiros modelos, o professor é apenas um instrutor; o processo de ensino está centrado nele como sujeito ativo, e o aluno é o sujeito passivo que aprende pela transmissão, pela mecanização e pela repetição de exercícios e de procedimentos; no terceiro, o professor tem um papel de mediador, o organizador do ambiente para aprendizagem na sala de aula. O aluno é ativo e construtor do seu próprio conhecimento.

Entre esses modelos, o primeiro deles – visão da matemática como caixa de ferramenta, ou seja, uma visão utilitarista – é o que se faz mais presente no discurso das alunas da pedagogia – algumas delas já atuando como profissionais por serem portadoras de diploma de magistério, em nível de ensino médio. Por exemplo:

> Cotidianamente a matemática faz parte de minha vida, pois é por intermédio dela que calculo através de uma análise laboratorial a quantidade de certos componentes presentes em alimentos; além disso, ela é a base para que eu possa preparar soluções químicas. (aluna Sil)
>
> Uso a matemática todos os dias com as crianças com contas de mamadeira, remédio, fraldas, lenços umedecidos e banhos, entre outros. (aluna Kel)
>
> E sempre vamos precisar da matemática para fazer algo, seja até mesmo para fazer compras, etc. (aluna Jaq)

Esses depoimentos revelam crenças de que a Matemática está presente em tudo, mas, no momento de explicitar contextos nos quais ela aparece, as respostas de algumas graduandas são generalizantes. No entanto, há aquelas que questionam a própria matemática escolar:

> Estudar matemática é importante para o ser humano, mas sinceramente não entendo por que precisamos aprofundar tanto na matemática no ambiente escolar, pois conheço muitas pessoas já de idade, com pouco estudo, que fazem contas de cabeça num curto espaço de tempo melhor do que muitas pessoas formadas. (aluna Al)

Evidentemente, nessa fala há uma concepção reducionista da matemática escolar, ou seja, ela se reduziria a procedimentos de cálculo. No entanto, constatamos que essa crença é muito forte entre futuras professoras e professoras em exercício, pois esse foi o modelo de ensino de matemática que vivenciaram, embora algumas até façam críticas a ele. Eis alguns depoimentos:

> Ao longo da minha vida escolar uma das matérias que tive menos dificuldade foi a matemática. O que mais gosto dela é somar e subtrair, já multiplicar e dividir é o que menos gosto principalmente se tiver mais que dois algarismos. (aluna Jul)
>
> O que eu mais gosto em matemática é algoritmo de adição ou soma, como costumávamos chamar. Porque foi uma das operações que mais gostava e tinha facilidade, de subtração também. O que eu menos gosto na matemática, talvez por não ter conseguido aprender bem, é a parte de geometria, números decimais

e raiz quadrada (equação 1º e 2º grau). Porque para ensinar algo, temos que aprender primeiro, principalmente uma matéria que não nos familiarizamos. (aluna An)

O que me desanima na matemática são aquelas "pequenas verdades" decoradas. Gostaria de exemplificar, mas infelizmente não me recordo das "hipotenusas e catetos". (aluna Mar)

Gostaríamos de ressaltar que não estamos generalizando, mas apontando o modelo que tem predominado no ensino de matemática. Sem dúvida, há práticas diferenciadas, algumas relatadas pelas próprias alunas da pedagogia. Os dois depoimentos a seguir destacam isso:

O que mais gosto da matemática é os cálculos de raciocínio lógico, aqueles que nos fazem pensar e repensar, mas depois notamos que era tão lógico. (aluna AP)

Entre todas as disciplinas estudadas no período de minha escolarização confesso que a matemática nunca foi a que mais me chamou a atenção. No entanto posso dizer que uma das coisas que mais gostava de fazer eram os problemas matemáticos do tipo desafios, os quais me trazem boas recordações da minha época de 5ª a 8ª série do fundamental. (aluna Sil)

O que nos chama a atenção é que, apesar de essas futuras professoras (ou em exercício) explicitarem tais crenças, quando solicitadas a falar de seus sentimentos em relação à matemática, a maioria dos depoimentos centra-se na figura do professor. Alguns exemplos:

Bom, para falar a verdade, não tive muita oportunidade para gostar de matemática, pois todos os professores que tive não deixaram nada marcante, ao ensinar a matéria matemática. Sempre tiravam sarro dos alunos. Por isso que não gosto muito de matemática. (aluna Jaq)

Os professores eram muito rígidos com a disciplina dos alunos, eram distantes, conservando-se afastados sem proximidades com as crianças. Não estou convicta de ter superado como gostaria as dificuldades nas aulas a que assisti. (aluna An)

Tais sentimentos, muitas vezes, tornam-se mais evidentes quando as graduandas os representam por meio de desenhos. Destacamos dois que nos foram muito significativos num trabalho em sala de aula da Pedagogia:

A aluna Sim, após fazer o desenho abaixo, explicou-o assim:

> Representei meus sentimentos através do desenho de uma bomba que está a ponto de explodir, porque na maioria das vezes eu levava "bomba" nas avaliações de matemática na escola.

A aluna Jaq assim justificou seu desenho:

> Por não conseguir entender, resolvi abandonar tentar entender e só cumprir as regras; foi um tanto frustrante, pois não tive sucesso.

Os depoimentos aqui trazidos tiveram como objetivo reforçar uma constatação que temos feito em nossas práticas no que diz respeito aos desafios postos aos(às) formadores(as) de professores(as). Em um trabalho anterior (NACARATO; PASSOS; CARVALHO, 2004) já trouxemos uma análise de como essas crenças ou filosofias pessoais – tais como utilizamos neste trabalho, apoiadas em Paul Ernest – interferem até mesmo no modo como essas alunas da pedagogia olham para a prática de aula de matemática e para as produções dos alunos.

Romper com esses sistemas de crenças implica criar estratégias de formação que possam (des)construir os saberes que foram apropriados durante a trajetória estudantil na escola básica. Passos (1995) traz uma experiência de formação de professores no Estado de São Paulo, em nível de ensino médio (CEFAM), que possibilitou algumas transformações desses sistemas. No entanto, temos clareza de que esse tempo é muito restrito para que mudanças significativas ocorram nos cursos de pedagogia. Muitas vezes, essas mudanças são mais visíveis e rápidas quando a aluna da pedagogia já está imersa na sala de aula (aluna-professora). Isso porque muitas delas, porém, já atuam como professoras, por possuírem habilitação em curso de magistério, nível médio.

Reforçamos nossos argumentos até aqui expostos, trazendo a narrativa de uma professora que foi aluna do curso de pedagogia da USF em 2005. Ainda que a narrativa esteja na terceira pessoa, ela se refere à sua própria trajetória. Embora seja apenas um fragmento da narrativa originalmente escrita, ele é bastante extenso e se refere a uma atividade diferenciada que a professora realizou com seus alunos.

Analisar narrativas e problematizá-las ainda na formação inicial têm conduzido as pesquisas atuais de Nacarato e Passos como formadoras de professores. Segundo Galvão (1998), a análise da potencialidade das narrativas para investigar o conhecimento profissional de professores exige que olhemos para o todo. Por esse motivo, fez-se necessário procurar as diferentes dimensões da formação da aluna-professora-narradora, desde os sistemas de crenças sobre a matemática, anteriores à prática, passando pelo confronto com a realidade vivenciada por ela na prática profissional e pelo confronto com as experiências que estava vivenciando no curso de pedagogia.

Ensaiamos a análise dessa narrativa numa perspectiva sociolinguística. Segundo Cortazi (*apud* GALVÃO, 1998), as histórias de professores possibilitam-nos ouvir suas vozes e, assim, podemos começar a entender a sua cultura a partir do seu ponto de vista. Nesse sentido, na narrativa que apresentamos, fica evidente quando ocorre a mudança de papéis que a narradora assume, ao contar sua história.

> A professora Ana Maria festeja no dia de hoje uma data especial, ou seja, quatro anos como educadora e já deu aula para três séries do ensino fundamental (1ª, 3ª e 4ª série). E pensando sobre esses anos de aula iniciou uma reflexão sobre sua relação com a Educação desde que se iniciou na escola como aluna da 1ª série e de como eram as práticas desenvolvidas, de como o conteúdo era dado e do quanto eles mudaram no decorrer dos anos; como eram feitas as atividades.
>
> Lembrou-se de sua professora, dona Juceli, uma senhora magra, de olhar profundo e expressão calma, que explicava muito bem, mas, também se lembrou de como era severa, cheia de regras e das muitas cópias que tinha feito, das intermináveis tabuadas

e numerais, além dos muitos castigos devido ao fato de não ter feito a lição.

Terminada a 3ª séries com a professora Juceli, veio dar aula a dona Jacira na 4ª série. Lembro que esta não gostava de conversas, enchia a lousa de lições e nos dizia: "é só fazer como a amostra e repetir os exemplos, não tem nada de diferente" e assim foi meu ensino fundamental de 1ª a 4ª série.

Nota-se que no último parágrafo a aluna do curso de pedagogia se desloca da personagem fictícia criada por ela – "professora Ana Maria" –, incorpora o papel de aluna da educação básica e refere-se a ela própria. Nos parágrafos seguintes ela volta a referir-se à professora Ana Maria.

Já da 5ª a 8ª série os professores diziam sempre a mesma coisa: "decore as regras e você aprenderá rápido".

Ao terminar a 8ª série, Ana Maria decidiu-se por fazer o magistério, pois gostava de crianças e tinha como objetivo ensinar as crianças; mais do que isso, ensinar a pensar, a refletir, a serem críticos, a terem autonomia, a serem cidadãos, etc.

Terminado o magistério, Ana prestou um concurso público e passou, e foi ministrar aulas numa 2ª série, mas, ao final do ano, sentiu que não estava preparada e que o curso de magistério não lhe proporcionou tudo que achava que precisaria ter para uma prática diferenciada. Então, lembrou-se de suas antigas professoras e procurou espelhar-se em suas atividades, estratégias, enfim, em suas práticas escolares.

Ao final do 2º ano escolar, como professora, Ana sentiu-se desapontada, mas achou que iria superar, pois praticamente estava iniciando e era adaptar-se à prática no próximo ano. Mas, ao final do ano como professora, sentiu-se frustrada, desapontada com sua didática, com o desenvolvimento de sua classe e estratégias, pois os alunos memorizavam as técnicas e não conseguiam pôr em prática o ensino. Era uma catástrofe! Não conseguiam associar a técnica à prática cotidiana.

Ana resolveu buscar novos caminhos que dessem respaldo a sua prática escolar. Iniciou a faculdade de pedagogia e descobriu novas teorias, pesquisadores, filosofias, pessoas que pensavam na educação, que debatiam ideias educacionais, as novas didáticas e estratégias.

No 2º ano da faculdade iniciou no curso a aula de fundamentos e metodologia do ensino da matemática, na qual começou a refletir as várias tendências em sua prática escolar. E começou a refletir sobre sua prática e de suas antigas professoras e chegou à conclusão de que a prática desenvolvida por elas estava ultrapassada e que seus alunos eram diferentes daqueles de seu tempo.

Sua classe, uma 1ª série, com crianças que tinham todo tipo de recursos tecnológicos não estavam interessados numa didática ultrapassada. Ana começou a compreender o que se passava e iniciou uma nova estratégia, a inovar com os jogos matemáticos que desafiassem os alunos a pensar, refletir, trabalhar em conjunto, a fazer relações com o seu cotidiano.

A partir desse momento, há um longo trecho em que a aluna-professora-narradora relata o jogo "Nunca 10", que fez com seus alunos, para o trabalho com o sistema de numeração decimal. Trata-se de um jogo bastante conhecido das professoras polivalentes e presente em vários livros didáticos.

Ana Maria após o jogo fez uma reflexão junto aos alunos sobre o jogo, na qual todos puderam expressar-se quanto à brincadeira. Todos elogiaram a brincadeira dizendo que tinha ficado mais fácil de entender como os números funcionavam; outros acharam complicada a troca de unidades, dezenas e centenas.

Ao ter essa conversa com os alunos, Ana Maria pediu-lhes que fizessem um registro de como tinha sido o jogo para cada um e o que eles achavam que poderia melhorar.

Ao ler os registros, a professora percebeu que estes poderiam fornecer pistas de como cada aluno compreendeu o jogo e através destas fazer intervenções adequadas para cada necessidade do aluno, além de estar acompanhando o desenvolvimento do aluno.

Através deste e de outros jogos desenvolvidos por Ana Maria, esta percebeu que para mudar a forma ou a estrutura das aulas era necessário repensar as práticas escolares, para que tipo de aluno era este ou aquele conteúdo, como desenvolver estratégias. Mas para isso Ana aprendeu a buscar por novos caminhos e que estes deveriam estar atrelados em teorias que ajudassem a entender a prática pedagógica. Já não se sentia tão frustrada, mas animada com o novo caminho encontrado.

Essa narrativa evidencia o quanto as reformas curriculares não chegam até a formação docente e a sala de aula, o que faz com que a professora – principalmente nos primeiros anos de docência – reproduza os modelos que vivenciou como estudante. Se tais modelos não forem problematizados e refletidos, podem permanecer ao longo de toda a trajetória profissional. Isso contribui para a consolidação não apenas de uma cultura de aula pautada numa rotina mais ou menos homogênea do modo de ensinar matemática, mas também de um currículo, praticado em sala de aula, bastante distante das discussões contemporâneas no campo da educação matemática.

Aprender e ensinar matemática nas séries iniciais: algumas perspectivas

Como destacado anteriormente, as professoras polivalentes, em geral, foram e são formadas em contextos com pouca ênfase em abordagens que privilegiem as atuais tendências presentes nos documentos curriculares de matemática. Ainda prevalecem a crença utilitarista ou a crença platônica da matemática, centradas em cálculos e procedimentos.

Os relatórios de exames externos (PISA, ENEM, SAEB) sobre as competências matemáticas, divulgados recentemente, evidenciam que as competências de cálculo não bastam, pois não atendem às exigências da sociedade contemporânea. O mundo está cada vez mais matematizado, e o grande desafio que se coloca à escola e aos seus professores é construir um currículo de matemática que transcenda o ensino de algoritmos e cálculos mecanizados, principalmente nas séries iniciais, onde está a base da alfabetização matemática. Quando nos referimos a "matematizar", estamos compartilhando das posições de Skovsmose (2001, p. 51), para quem

> Matematizar significa, em princípio, formular, criticar e desenvolver maneiras de entendimento. Ambos, estudantes e professores devem estar envolvidos no controle desse processo, que, então, tomaria uma forma mais democrática.

Quanto à alfabetização matemática, partilhamos novamente das posições de Skovsmose (2001, p. 66):

> A alfabetização não é apenas uma competência relativa à habilidade de leitura e escrita, uma habilidade que pode ser simultaneamente testada e controlada; possui também uma dimensão crítica.

Nessa perspectiva crítica, a alfabetização matemática deve pautar-se num

> [...] projeto de possibilidades que permitam às pessoas participar no entendimento e na transformação de suas sociedades e, portanto, a alfabetização matemática viria a ser um pré-requisito para a emancipação social e cultural. (p. 67)

Trata-se de uma visão crítica de uma sociedade democrática em que todos – crianças e adolescentes – tenham igual acesso à escola e a uma educação de qualidade. Assim, para o autor,

> [...] um dos objetivos da educação deve ser preparar para uma cidadania crítica [...] a educação deve visar mais do que condições para possibilitar a entrada no mercado de trabalho. A educação deve preparar os alunos para uma vida (política) na sociedade. (p. 87).

É pensar na educação matemática como prática de possibilidades, é reconhecer a sua natureza crítica.

Nessa perspectiva, há que pensar num currículo de matemática pautado não em conteúdos a ser ensinados, mas nas possibilidades de inclusão social de crianças e jovens, a partir do ensino desses conteúdos. A matemática precisa ser compreendida como um patrimônio cultural da humanidade, portanto como um direito de todos. Daí a necessidade de que ela seja inclusiva.

Para que tais objetivos sejam atendidos, há que romper com o tradicional paradigma do exercício (SKOVSMOSE, 2008; ALRØ; SKOVSMOSE, 2006), que tem marcado as aulas de matemática e é apontado na narrativa apresentada anteriormente. Nesse paradigma, via de regra, segue-se uma rotina mais ou menos padronizada: o professor expõe algumas ideias matemáticas com alguns exemplos e, em seguida, os alunos resolvem incansáveis listas de exercícios – quase sempre retiradas de livros didáticos.

Na etapa seguinte, o professor os corrige, numa concepção absolutista de matemática, na qual prevalece o certo ou o errado. Esses exercícios frequentemente são preparados por alguém externo à sala de aula, sem a participação do professor e dos alunos. Segundo o autor, há diferentes formas de romper com esse paradigma. Uma delas seria com a realização de projetos, cuja dinâmica o autor denomina de "cenários de investigação".[3] O ponto de partida desses cenários não é a lista de exercícios:

> [...] as explorações acontecem por meio de um "roteiro de aprendizagem" no qual os alunos têm a oportunidade de apontar direções, formular questões, pedir ajuda, tomar decisões etc. Vale salientar que são os alunos que percorrem o cenário de aprendizagem, e não o professor ou os autores do livro-texto que costumam preestabelecer uma trajetória na forma de exercícios que não deixa tempo ou opções para rotas alternativas. (SKOVSMOSE, 2008, p. 64)

Essa perspectiva sugere que a aprendizagem da matemática não ocorre por repetições e mecanizações, mas se trata de uma prática social que requer envolvimento do aluno em atividades significativas. Temos convicção de que aprender seja um processo gradual, que exige o estabelecimento de relações. A cada situação vivenciada, novas relações vão sendo estabelecidas, novos significados vão sendo produzidos, e esse movimento possibilita avanços qualitativos no pensamento matemático.

Conceber a aprendizagem e a aula de matemática como "cenário de investigação" ou como cenário/ambiente de aprendizagem requer uma nova postura do professor. Ele continua tendo papel central na aprendizagem do aluno, mas de forma a possibilitar que esses cenários sejam criados em sala de aula; é o professor quem cria as oportunidades para a aprendizagem – seja na escolha de atividades significativas e desafiadoras para seus alunos, seja na gestão de sala de aula: nas perguntas interessantes que faz e que mobilizam os alunos ao pensamento, à indagação; na postura investigativa que assume diante da imprevisibilidade sempre presente numa sala de aula; na ousadia de sair da "zona de conforto" e

---

[3] Na segunda parte deste livro voltaremos a tratar destes aspectos: paradigma do exercício, absolutismo da matemática, cenários de investigação e realização de projetos.

arriscar-se na "zona de risco".[4] Como nos diz Skovsmose (2008, p. 49), a "zona de risco" deve ser entendida como um espaço de possibilidades e de novas aprendizagens, do qual o professor não deve recuar. "Quando uma aula se torna experimental, coisas novas podem acontecer. O professor pode perder parte do controle sobre a situação, porém os alunos também podem se tornar capazes de ser experimentais e fazer descobertas".

Evidentemente, atuar na "zona de risco" requer que a professora – no nosso caso, a professora das séries iniciais – detenha um conhecimento profissional que abarque não apenas o saber pedagógico (ou das ciências da educação), mas também inclua ("envolva") um repertório de saberes:

- saberes de conteúdo matemático. É impossível ensinar aquilo sobre o que não se tem um domínio conceitual;
- saberes pedagógicos dos conteúdos matemáticos. É necessário saber, por exemplo, como trabalhar com os conteúdos matemáticos de diferentes campos: aritmética, grandezas e medidas, espaço e forma ou tratamento da informação. Saber como relacionar esses diferentes campos entre si e com outras disciplinas, bem como criar ambientes favoráveis à aprendizagem dos alunos;
- saberes curriculares. É importante ter claro quais recursos podem ser utilizados, quais materiais estão disponíveis e onde encontrá-los; ter conhecimento e compreensão dos documentos curriculares; e, principalmente, ser uma consumidora crítica desses materiais, em especial, do livro didático.

Evidentemente, seria ideal que os cursos de formação inicial possibilitassem a construção de parte desse repertório de saberes. Trata-se de não apenas privilegiar os conhecimentos específicos ou os conhecimentos pedagógicos (metodológicos), mas, como destacam Moreira e David (2007, p. 14), de romper com a dicotomia existente nos cursos de formação inicial, em que

> [...] raramente são focalizadas de forma específica as relações entre os conhecimentos matemáticos veiculados no processo

---

[4] Noção apresentada por Borba e Penteado (2001) e Penteado (2004). Enquanto na "zona de conforto" a prática se pauta na previsibilidade, na "zona de risco" o professor precisa estar preparado para os imprevistos postos pela ação educativa.

de formação e os conhecimentos matemáticos associados à prática docente escolar.

Ou seja, os conhecimentos específicos precisam estar articulados à futura prática docente dessas professoras que irão ensinar matemática.

No último capítulo deste livro, traremos algumas sugestões de como articular esses diferentes saberes docentes na formação inicial. No entanto, como já destacado anteriormente, essa formação ainda é uma utopia. Restam, então, investimentos de formação continuada que possam dar esse suporte de que o professor necessita.

Os projetos de formação continuada deveriam levar em consideração o saber que a professora traz de sua prática docente, ou seja, a prática docente precisa ser tomada como ponto de partida e de chegada da formação docente. Isso porque diversos estudos apontam que o saber da experiência (ou saber experiencial) é o articulador dos diferentes saberes que a professora possui em seu repertório de saberes. No entanto, como nos fazem refletir Moreira e David (2007, p. 42):

> [...] a prática produz saberes; ela produz, além disso, uma referência com base na qual se processa uma seleção, uma filtragem ou uma adaptação dos saberes adquiridos fora dela, de modo a torná-los úteis ou utilizáveis. Mas será que a prática ensina tudo?

Evidentemente, não! Por isso, é necessário que a prática seja tomada como ponto de partida, para que seja problematizada e venha a ser objeto de reflexão.

Se a professora acredita, por exemplo, que o aluno compreende a lógica dos algoritmos por meio de histórias ou metáforas como "empresta do vizinho", "empresta em cima, paga embaixo" – no caso do algoritmo da subtração –, compete ao(à) formador(a) propor situações que possibilitem que a própria professora possa refletir sobre os significados dos algoritmos e, consequentemente, sinta-se segura para romper com práticas naturalizadas (não questionadas e/ou refletidas), pautadas no paradigma do exercício, e, assim, buscar criar outros ambientes propícios à aprendizagem dos alunos.

Mas de qual saber disciplinar estamos falando quando nos referimos às séries iniciais? Evidentemente, não se trata de descartar muitos conteúdos que, tradicionalmente, vêm sendo trabalhados nesse segmento, mas de lhes dar uma abordagem que privilegie o pensamento conceitual, e não apenas o procedimental. É possibilitar que o aluno tenha voz e seja ouvido; que ele possa comunicar suas ideias matemáticas e que estas sejam valorizadas ou questionadas; que os problemas propostos em sala de aula rompam com o modelo padrão de problemas de uma única solução e sejam problemas abertos; que o aluno tenha possibilidade de levantar conjecturas e buscar explicações e/ou validações para elas. Enfim, que a matemática seja para todos, e não para uma pequena parcela dos alunos.

Sem dúvida, os desafios postos à formação das professoras que atuam nas séries iniciais são grandes. No que diz respeito à formação inicial, o desafio consiste em criar contextos em que as crenças que essas futuras professoras foram construindo ao longo da escolarização possam ser problematizadas e colocadas em reflexão, mas, ao mesmo tempo, que possam tomar contato com os fundamentos da matemática de forma integrada às questões pedagógicas, dentro das atuais tendências em educação matemática. Sem investimentos na formação inicial, dificilmente conseguiremos mudar a situação da escola básica, em especial, da forma como a matemática ainda é ensinada. No que diz respeito à formação continuada, cursos centrados em sugestões de novas abordagens para a sala de aula nada têm contribuído para a formação profissional docente; é necessário que as práticas das professoras sejam objeto de discussão. As práticas pedagógicas que forem questionadas, refletidas e investigadas poderão contribuir para as mudanças de crenças e saberes dessas professoras.

Finalmente, gostaríamos de ressaltar que, mesmo com as condições mais adversas de trabalho e de lacunas na formação, muitas professoras que atuam nas séries iniciais revelam comprometimento com a aprendizagem de seus alunos e sempre estão abertas a novas aprendizagens. Há muitas profissionais que não temem a "zona de risco". A muitas delas faltam oportunidades de vivenciar projetos de formação que contribuam para novas aprendizagens.

Na continuidade deste livro, apresentaremos situações de sala de aula das séries iniciais, que ilustram e corroboram as ideias aqui defendidas. Tomamos como referência as aulas da Professora Brenda – um Capítulo II a das autoras do presente livro.

PARTE II

O FAZER MATEMÁTICO NOS ANOS INICIAIS

> Quando vivemos a autenticidade exigida pela prática de ensinar-aprender, participamos de uma experiência total, diretiva, política, ideológica, gnosiológica, pedagógica, estética e ética, em que a boniteza deve achar-se de mãos dadas com a decência e com a seriedade.
>
> FREIRE, 1996, p. 24

Capítulo II

Um ambiente para ensinar e aprender matemática

Como estamos interessadas em analisar o movimento de produção de conhecimento matemático em sala de aula nas séries iniciais do ensino fundamental, é primordial discutir alguns aspectos que, em nosso entender, são essenciais para tal produção.

Um desses aspectos diz respeito à criação de um ambiente propício à aprendizagem. Para isso, nos aproximaremos do conceito de "ambientes de aprendizagem" de Alrø e Skovsmose (2006). Mais importante que definir esse ambiente é buscar suas características. É impossível pensar em tal ambiente, se nele não houver o diálogo. Diálogo entendido no sentido freiriano e defendido por Alrø e Skovsmose.

Paulo Freire, em 1965, no livro *Educação como prática da liberdade* já trazia seu conceito de diálogo, retomado e aprofundado na obra *Pedagogia do oprimido* (1987). O diálogo como fenômeno humano se revela na palavra e "ninguém pode dizer a palavra verdadeira sozinho, ou dizê-la para os outros, num ato de prescrição, com o qual rouba a palavra aos demais" (FREIRE, 1987, p. 78). Diálogo entendido como "encontro dos homens, mediatizados pelo mundo" (p. 78). Nesse sentido, como "exigência existencial" (p. 79), ao se pensar na prática pedagógica, o diálogo faz-se essencial.

> E, se ele é o encontro em que se solidarizam o refletir e o agir de seus sujeitos endereçados ao mundo a ser transformado e humanizado, não pode reduzir-se a um ato de depositar ideias de um

sujeito no outro, nem tampouco tornar-se simples troca de ideias a serem consumidas pelos permutantes. (FREIRE, 1987, p. 79)

Assim, a primeira característica desse ambiente de aprendizagem é a relação dialógica que se estabelece na sala de aula entre os alunos e entre estes e o professor. É o ambiente de dar voz e ouvido aos alunos, analisar o que eles têm a dizer e estabelecer uma comunicação pautada no respeito e no (com)partilhamento de ideias e saberes.

A comunicação aparece, então, como uma segunda característica desse ambiente. Para Alrø e Skovsmose (2006, p. 12), "o contexto em que se dá a comunicação afeta a aprendizagem dos envolvidos no processo". A comunicação envolve linguagem – linguagem corrente (oral ou escrita), linguagem matemática, linguagem gestual –, interações e negociação de significados, os quais são essenciais à aprendizagem, por nós entendida como um processo de produção e construção de significados.

Essas características pressupõem certa dinâmica nas aulas de matemática, em que alunos e professores precisam envolver-se na atividade intelectual de produzir matemática – ou de matematizar. Essa atividade exige reciprocidade: não apenas o professor é o sujeito ativo. Trata-se de resgatar a concepção de que é "o aluno quem deve aprender e que não se pode aprender em seu lugar. Mas isso supõe que o aluno entre em uma atividade intelectual" (CHARLOT, 2005, p. 84). E, por ser essa atividade central ao processo de aprendizagem, "é legítimo prestar maior atenção a ela, no que ela tem de singular" (p. 84). Isso só é possível se o aluno for colocado no centro do processo de ensino; se se partilhar do princípio de que "ensinar não é somente transmitir, nem fazer se aprender saberes. É, por meio dos saberes, humanizar, socializar, ajudar um sujeito singular a acontecer" (p. 85). É também partir do princípio freiriano de que quem ensina também aprende no ato de ensinar. Assim, num ambiente de aprendizagem, professor e aluno envolvem-se intelectualmente na atividade, e todos ensinam e aprendem.

Nesse ambiente, a ideologia da certeza (BORBA; SKOVSMOSE, 2001) precisa ser desafiada; os processos de pensamento e as estratégias dos alunos precisam ser valorizados; o absolutismo do "certo e errado" precisa dar lugar à discussão, ao diálogo. Assim, a comunicação é fundamental; é necessário dar voz e ouvir o que os alunos têm a dizer; analisar aquilo que, a princípio, possa parecer um "erro'" da parte deles. É considerar que "o erro se constitui como um conhecimento, é um saber que o aluno possui, construído de alguma forma, e é necessário elaborar intervenções didáticas que desestabilizem as certezas, levando o estudante a um questionamento sobre as suas respostas" (CURY, 2007, p. 80).

Esse ambiente é primordialmente democrático:

> Se, na verdade, o sonho que nos anima é democrático e solidário, não é falando aos outros, de cima para baixo, sobretudo, como se fôssemos os portadores da verdade a ser transmitida aos demais, que aprendemos a *escutar*, mas é *escutando* que aprendemos a *falar com eles*. (FREIRE, 1996, p. 113)

O movimento de comunicação e de negociação de significados exige o registro escrito – tanto do aluno sobre a sua aprendizagem quanto do professor sobre sua prática. Desde a década de 1980, os currículos internacionais e nacionais vêm defendendo a importância da escrita nas aulas de matemática. Escrever não é um processo tão simples; exige um trabalho persistente do professor. Essa prática, embora possa ser mais natural nas séries iniciais, em que o professor, geralmente, é polivalente, portanto trabalha com todas as áreas do conhecimento, é pouco usual nas aulas de matemática. Igualmente importantes são situações de leitura; dessa forma, entendemos que as práticas de leitura e escrita são essenciais na elaboração conceitual em matemática. Embora muitos professores não estejam atentos para isso e, muito menos, familiarizados com a utilização da produção de textos nas aulas de matemática, ela é um componente essencial no ensino e na aprendizagem da disciplina.

Os alunos precisam aprender a ler matemática e ler para aprender, pois, para interpretar um texto matemático, é necessário familiarizar-se com a linguagem e com os símbolos próprios desse componente curricular e encontrar sentido naquilo que lê, compreendendo o significado das formas escritas.

Além da importância que deve ser dada à leitura, solicitar a produção de textos, de relatórios, de opiniões, de descrição das estratégias utilizadas, entre outras atividades também é importante e faz parte do trabalho.

Deve-se apresentar ao aluno determinada função para a produção de texto, de modo que ele compreenda que o texto deve ser escrito para informar outras pessoas, além de pais e professores. Ou seja, é necessário escrever para que outras pessoas leiam – só assim haverá uma preocupação maior por parte do aluno na hora de escrever, e ele se sentirá estimulado a desenvolver e aprimorar não só a escrita, mas também a reescrita de seus registros. Toda escrita pressupõe um leitor.

> Quando os alunos e professor discutem a leitura, o professor passa a ter a tarefa de não apenas ler para o aluno, mas possibilitar meios para ler com o aluno, que é entendido como agente ativo e interativo no processo de ler e compreender. A leitura é enriquecida e o professor, através de uma atividade mediada, contribui para a formação de um novo leitor, crítico, capacitado para agir na relação sujeito e meio social. (Silva; Rêgo, 2006, p. 229)

A escrita, em matemática, pode auxiliar o trabalho pedagógico em dois aspectos distintos: na construção da memória e na comunicação a distância.

Para Smole e Diniz (2001), a escrita auxilia a construção da memória, uma vez que muitas discussões orais poderiam ficar perdidas sem o registro em forma de texto. Na comunicação a distância, esse recurso possibilita a troca de informações e as descobertas com pessoas que, muitas vezes, nem conhecemos.

Não há como negar que numa sala de aula de matemática prevalece a oralidade; no entanto, a escrita possibilita outras formas de raciocínio, outras relações. Borba e Penteado (2001, p. 45), ao discutir o processo histórico das mídias, apoiados em Pierre Lévy, afirmam que a difusão da escrita, com o surgimento do livro,

> [...] é que permite que a memória se estenda de modo qualitativamente diferente em relação a uma outra tecnologia da inteligência, a oralidade. Assim, a escrita enfatiza e permite que a linearidade do raciocínio apareça.

Quando o aluno fala, lê, escreve ou desenha, ele não só mostra quais habilidades e atitudes estão sendo desenvolvidas no processo de ensino, como também indica os conceitos que domina e as dificuldades que apresenta. Com isso, é possível verificar mais um aspecto importante na utilização de recursos de comunicação para interferir nas dificuldades e provocar cada vez mais o avanço dos alunos.

Estamos, pois, assumindo que o registro do aluno das séries iniciais pode ser escrito ou pictórico – este, embora bastante presente na educação infantil, acaba sendo relegado a um plano secundário no ensino fundamental. Muitas vezes, o registro pictórico de uma estratégia que o aluno faz traz muito mais detalhes do que o registro matemático, por exemplo. Da mesma forma que o registro escrito – em linguagem corrente ou matemática –, o pictórico também precisa ser incentivado e valorizado.

No caso das séries iniciais, em especial, a prática de leitura e escrita possibilita um trabalho interdisciplinar, principalmente com a literatura infantil, que pode ser uma alternativa metodológica para que os alunos compreendam a linguagem matemática dos textos de maneira significativa, possibilitando o desenvolvimento das habilidades de leitura de textos literários diversos e de textos com linguagem matemática específica (SILVA; RÊGO, 2006, p. 208-209).

Concordamos com Sandra Santos (2005, p. 129), que afirma:

> A linguagem escrita nas aulas de Matemática atua como mediadora, integrando as experiências individuais e coletivas na busca da construção e apropriação dos conceitos abstratos estudados. Além disso, cria oportunidades para o resgate da autoestima para alunos, professores e para as interações da sala de aula. Esse processo favorece a transparência de emoções e afetividade, não só de aspectos negativos, como o medo, a frustração e a tristeza, mas também da coragem, do sucesso, da alegria e do humor.

No que diz respeito ao registro do professor, ele é fundamental não apenas para "guardar na memória", registrar a história de sua prática, mas também como prática de reflexão. Ao escrever sobre uma determinada prática – seja em forma de um diário, seja em forma de uma narrativa –, o professor reflete sobre o seu fazer pedagógico, sobre sua própria aprendizagem docente. A escrita do professor dá visibilidade ao trabalho que acontece em sala de aula; possibilita que seus saberes e suas práticas sejam (com)partilhados com os pares.

Em síntese, o ambiente de aprendizagem, tal como o concebemos, traz estas características: um espaço para a atividade intelectual em matemática mediada pelo diálogo e pela leitura e escrita, em que a comunicação e a produção de significados são centrais.

Nesse espaço para a atividade intelectual, a resolução de problemas aparece como potencializadora da comunicação e da produção de significados.

É importante destacar nossa concepção sobre as situações de resolução e elaboração de problemas, uma vez que a maioria das situações mostradas nesta parte do livro diz respeito a elas. Trata-se, sem dúvida, de termos polissêmicos em educação matemática. Não é nosso objetivo fazer uma revisão do tema, mas apenas sinalizar como o concebemos.

Entre as várias funções utilizadas para a resolução de problemas, vamos usar as três perspectivas trazidas por Branca (1997), que são bastante comuns na literatura brasileira. São elas:

- Resolução de problemas como uma meta: constitui o objetivo para ensinar matemática, independentemente do conteúdo matemático envolvido.
- Resolução de problemas como um processo: a essência está nos métodos, nos procedimentos, nas estratégias, na heurística utilizada.
- Resolução de problema como uma habilidade básica: é a mais usual, principalmente nos processos avaliativos, embora a própria compreensão do que é habilidade básica não seja consenso entre os educadores matemáticos. Nesta perspectiva deve-se levar em consideração as especificidades do conteúdo, os tipos de problemas e os métodos de solução, contrapondo-se à primeira perspectiva e pouco contribuindo para a autonomia do aluno.

No nosso entender, a primeira perspectiva pode ser complementada pela concepção de Van de Walle (*apud* ONUCHIC; ALLEVATO, 2004, p. 221), para quem

> [...] um problema é definido como qualquer tarefa ou atividade para a qual os estudantes não têm métodos ou regras prescritas ou memorizadas, nem a percepção de que haja um método específico para chegar à solução correta.

Ele defende ainda que o professor tem um papel central nesse processo, pois é responsável por criar um "ambiente matemático motivador e estimulante em que a aula deve transcorrer" (p. 221). No nosso entender, seria o "ambiente de aprendizagem".

A criação desse ambiente pressupõe três momentos: o antes, o durante e o depois. O primeiro momento pressupõe que o professor se assegure de que a situação a ser proposta aos alunos seja ao mesmo tempo desafiadora, mas não gere a frustração da incapacidade de resolvê-la. O professor, pelo contato constante com seus alunos, tem condições de avaliar que situações propor e em que momento do seu planejamento elas podem ser propostas. No momento da resolução da situação proposta – o durante –, o professor acompanha o trabalho dos alunos e avalia para si se a escolha foi ou não adequada ao contexto. No último momento,

> [...] o professor aceita a solução dos alunos sem avaliá-la e conduz a discussão enquanto os alunos justificam e avaliam seus resultados e métodos. Então, o professor formaliza os novos conceitos e novos conteúdos construídos. (VAN DE WALLE *apud* ONUCHIC; ALLEVATO, 2004, p. 221)

Pode-se dizer que é o momento de síntese e sistematização dos conceitos trabalhados.

Se a resolução de problemas é fundamental ao fazer matemático, o mesmo podemos dizer dos processos de elaboração de situações-problema por parte do aluno. Partilhamos dos argumentos de Chica (2001): quando o aluno cria seus próprios textos de problemas, ele precisa organizar tudo o que sabe e elaborar o texto, dando-lhe sentido e estrutura adequada, para que possa comunicar aquilo que pretende. Além disso, esse tipo de estratégia modifica as maneiras mais usuais de trabalhar situações-problema. De certa forma, passa a ser um incentivo, pois aos alunos é proposto agora um novo desafio, que não é mais apenas dar solução a um problema, e sim criar um.

O professor, ao propor esse tipo de atividade, pode explorar outras áreas do conhecimento, como a disciplina de língua portuguesa, abordando o refinamento nas produções de textos, por meio de revisões coletivas realizadas com os alunos.

Atividades de elaboração de situações-problema, além de fazer parte da vida cotidiana dos alunos, podem desencadear a necessidade deles de antecipar e formular resultados inúmeras vezes, formular justificativas, argumentar e entender a importância de registrar. O registro é muito importante não só para o professor, que o utilizará para analisar e avaliar os avanços dos alunos, mas também para que os próprios alunos possam, por meio dele, discutir as possíveis estratégias e, assim, chegar à solução, a qual não precisa, necessariamente, ser dada pelo professor.

Pautando-nos nessas reflexões teóricas, construímos esta segunda parte do livro, trazendo episódios de sala de aula organizados nos três próximos capítulos:

– O papel do registro do aluno e do professor para os processos de comunicação e argumentação nas aulas de matemática.

– A elaboração conceitual como produção de significados em matemática.

– Possibilidades e desafios da interdisciplinaridade nas séries iniciais: a matemática e outras áreas do conhecimento.

Capítulo III

O papel do registro do aluno e do professor para os processos de comunicação e argumentação nas aulas de matemática

Por registro – e aqui estamos pensando no registro escrito – entendemos qualquer gênero de texto produzido pelos alunos: registro de uma estratégia utilizada para resolver uma situação-problema, relatório, carta, diário, narrativa, mapa conceitual, (auto)biografia, desenho, entre outros gêneros.

Estamos, assim, pensando nos processos de escrita dos alunos como "meio estável que permite a alunos e docentes examinarem colaborativamente o desenvolvimento do pensamento matemático" e consideramos, ainda segundo os autores, que a leitura crítica possibilita "importantes avanços cognitivos e afetivos. Estudantes adquirem mais controle sobre sua aprendizagem e desenvolvem critérios para fiscalizar seu processo" (POWELL; BAIRRAL, 2006, p. 27-28), o que gera confiança e motivação para o fazer matemático.

Entre as funções da escrita destacadas por esses autores, interessa-nos em particular a "escrita expressiva", pois é como se o aluno estivesse pensando alto. Nela os alunos trazem suas crenças, suas relações afetivas com a matemática e "constroem e negociam significados, bem como monitoram sua aprendizagem e sua afetividade e refletem sobre elas" (POWELL; BAIRRAL, 2006, p. 52).

Essa escrita expressiva também pode se tornar transacional – outra função da escrita apontada pelos autores – ou seja, aquela escrita utilizada para avaliação e diagnóstico. Esse tipo de escrita é bastante utilizado pelo aluno para registrar as estratégias que usou e, no nosso entender, é a que mais vem sendo utilizada nas aulas de matemática. No entanto, tanto a escrita expressiva quanto a transacional geram conhecimento.

Concordamos com os autores que o processo de escrita não é simples e natural nas aulas de matemática, por isso exige muito empenho e intervenção do professor, pois no início os textos dos alunos são muito resumidos, mais descritivos. A intervenção do professor é fundamental para que o aluno amplie seu vocabulário matemático, ousando mais na escrita, soltando-se, posicionando-se. Além disso, para realizar esse trabalho, o professor precisa ler todos os textos produzidos pelos alunos, dar o retorno, apontar problemas e avanços, ajudar na reformulação – individual ou coletiva. Como afirmam Powell e Bairral (2006, p. 54):

> Não se trata de trabalho fácil nem para os estudantes nem para o professor, pois o texto é uma produção individual ou coletiva e, assim, passa a ter a forma e o conteúdo de seu produtor, e não o que o professor deseja que conste nele.

Destacaremos, a seguir, algumas potencialidades do registro.

As potencialidades do registro nas aulas de matemática

O registro possibilitando identificação de estratégias por parte dos alunos

Para ilustrar como o registro possibilita ao professor identificar estratégias utilizadas pelos alunos, traremos algumas situações vivenciadas nas salas de aula da professora Brenda em 2006, 2007 e 2008. Em 2006 e 2007 a turma era a mesma: 3ª e 4ª séries, respectivamente; em 2008, ela assumiu uma nova turma de 4ª série.

Destacamos, principalmente, situações relacionadas à resolução de problema, em que a professora Brenda propiciou um ambiente de aprendizagem, contemplando os três momentos destacados por Van de Walle: o antes, o durante e o depois. As situações por ela propostas sempre são previamente planejadas, prevendo o quanto será ou não um desafio ao aluno (momento antes); em sala de aula os alunos sempre trabalham em duplas, para que possam trocar ideias, negociar estratégias e buscar uma síntese para ser apresentada aos colegas (momento durante); somente após a apresentação de todos os grupos, ela promove a discussão e a síntese com os alunos (momento depois).

Situação 1: Numa conversa informal com o aluno Ra na hora do recreio, a professora Brenda ficou sabendo que ele ajudava sua avó a empacotar blusas, ganhando 5 centavos por blusa empacotada. Aproveitando esse contexto, ao retornar à classe, ela propôs um problema aos alunos, para ser resolvido em duplas e coube a ela a escolha do escriba de cada dupla. Essa era uma prática sua, uma vez que ela sempre procurava organizar as duplas de forma que um estivesse em um estágio da escrita mais desenvolvido que o outro, para que se ajudassem mutuamente. Essa atividade foi realizada em 19 de setembro de 2006. O problema proposto foi:

> O nosso colega de sala Ra recebeu R$13,00 de sua avó por empacotar blusas. Cada blusa que ele empacota ganha R$0,05. Quantas blusas ele teve que empacotar para ganhar os R$13,00? Explique como você chegou ao resultado.

Ao analisar os registros das duplas, Brenda constatou que apenas uma delas recorreu ao uso do algoritmo. Mesmo assim, ao destacar a estratégia usada, percebemos que, para chegar ao resultado, esses alunos usaram o registro pictórico para descobrir quantas blusas seriam empacotadas, até chegar a R$ 1,00. Justificaram assim:

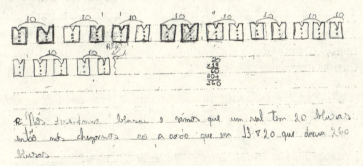

Observando esse registro, constatamos que a dupla utilizou o desenho – para cada duas blusas desenhadas, os alunos anotaram 10 (centavos) – até chegar a 20 blusas, totalizando 1 real, ou seja, utilizaram um raciocínio proporcional. A partir daí fizeram o algoritmo: 13 x 20 = 260 e justificaram assim: *Nós desenhamos blusas e vimos que um real tem*

20 blusas, então nós chegamos ao acordo que era 13x20 o que daria 260 blusas (alunos Ild e Je).

Ainda, para esse mesmo problema, outra dupla fez a resolução em forma de tabela:

[tabela manuscrita]

[justificativa manuscrita]

Apresentaram a seguinte justificativa:

> Para chegar nesse resultado, a gente achou o padrão do cinco na primeira vez, a gente fez de cinco em cinco, daí nós percebemos que ia demorar, daí nós fizemos de 10 em 10 porque no padrão do cinco tinha o 10 daí nós vimos que 10 vezes o 5 dava 50, daí nós contamos de 50 a 50 até dar R$13.00. Ele empacotou 260 blusas.[5] (Alunos Clau, Ma)

A estratégia dessa dupla revela o que é natural do pensamento matemático: a busca de padrões e a economia de pensamento. Tanto o uso da expressão *a gente usou um padrão* quanto a estratégia de proporcionalidade evidenciam o quanto os alunos "abusam" do vocabulário matemático e da habilidade de interpretar uma situação de formas diversas.

Situação 2: A esses mesmos alunos, na 4ª série, em 4 de dezembro de 2007, foi proposto o seguinte problema.[6]

Araon é filho único de Senilo e Talita. Senilo e Talita separaram-se. Senilo casou-se novamente e sua mulher, que já tinha um filho, teve gêmeos duas vezes. Talita teve dois outros filhos e adotou

---

[5] Apresentamos, com fidedignidade e quando necessária, a transcrição do registro dos alunos para facilitar o entendimento pelo leitor.

[6] Extraído de Gwinner (1992, v. 3, p. 30).

mais três. As duas novas famílias encontraram-se na Páscoa em um restaurante chinês para comemorar o aniversário de Araon. Faltou uma cadeira. Quantas cadeiras já estavam em volta da mesa?

Foram apresentadas diferentes respostas:

– Havia 9 cadeiras. Nesse caso, os alunos fizeram o cálculo apenas para descobrir o número dos filhos, não incluindo Araon; talvez não tenham interpretado que, além dos filhos, deveriam ter incluído os pais, pois eles também foram ao restaurante.

– Foram colocadas 11 cadeiras. Esses alunos incluíram Araon na quantidade de filhos, porém também não fizeram as contas das cadeiras com os adultos.

– Já havia 12 cadeiras. Os alunos não incluíram Araon entre as pessoas que estavam no restaurante.

– Havia 13 cadeiras. Os alunos incluíram os filhos e três adultos.

No entanto, uma aluna que trabalhou sozinha respondeu haver "14 cadeiras" e apresentou o seguinte registro:

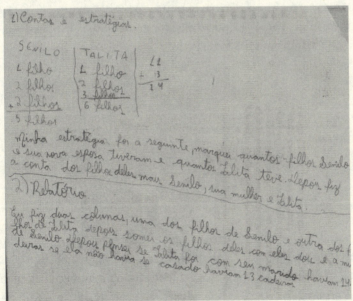

Essa aluna, inicialmente, indagou de Brenda a respeito do marido de Talita, o qual não era mencionado no texto. Assim, em sua resolução traz as duas possibilidades.

A diversidade de respostas e estratégias que os alunos apresentam a um mesmo problema, quando têm autonomia de buscar seus próprios caminhos, revela uma concepção de resolução de problemas que rompe com o tradicional problema-padrão ou problema-exercício. Além disso, esse ambiente possibilita que os conhecimentos que os alunos trazem – matemáticos ou não – possam circular pela sala de aula e ampliar seus significados, num momento de comunicação de ideias e de negociação de significados.

Situação 3: O registro a seguir refere-se a uma estratégia elaborada por um aluno da 4ª série/2008. A professora Brenda trabalhou com eles a história de João e Maria e, ao final do trabalho, solicitou a elaboração de uma situação-problema relacionada a essa história. Esse aluno elaborou uma situação cujo contexto era de João e Maria fazendo compras e, entre as diferentes mercadorias compradas, uma delas se referia a 15 saquinhos de suco a 60 centavos cada um. No entanto, ao escrever os valores monetários, ele se confundiu e registrou 60,00 centavos. Tal registro o colocou diante de um problema, pois essa turma ainda não havia estudado multiplicação envolvendo números decimais (15 x 60,00 – segundo o seu registro). O que nos chamou a atenção foi a forma como

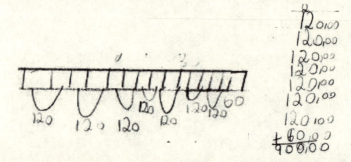

É fácil observar no registro à esquerda que Ma foi organizando 2 grupos de 60, até obter 7 vezes 120, deixando isolado o último grupo de 60. Na adição (à direita) fica evidente que ele contou corretamente os 7 grupos de 120 e 1 de 60. Observa-se, ainda, que ele comete o mesmo engano na escrita de 900 centavos. No entanto, sua estratégia foi bastante criativa e indicativa da autonomia que o aluno teve para escolher seu próprio caminho de resolução.

O papel do registro do aluno e do professor para os processos
de comunicação e argumentação nas aulas de matemática

Situação 4: Ainda no final de 2007, a professora Brenda propôs um problema, também extraído de Gwinner (1992, v. 3, p. 34). Apresentamos o registro de um aluno (Cha), o qual evidencia as estratégias utilizadas. Inicialmente, ele faz uma tabela para organizar os dados do problema, lançando mão de algoritmos, quando não dá conta de fazer os cálculos mentalmente. É interessante destacar que a iniciativa de usar a tabela partiu do próprio aluno.

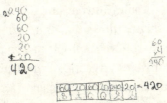

Otávio é um sapo. Ele come vinte moscas por dia. Quando Otávio se disfarça ele consegue comer o triplo de moscas. E quando usa óculos espelhados come o quádruplo do que consegue comer disfarçado. Otávio se disfarça duas vezes por semana e nas sextas-feiras usa os seus óculos espelhados. Aos domingos ele jejua. Em uma semana, quantas moscas Otávio come?

Resposta _Otávio come 420 moscas por uma semana._

Ainda para esse mesmo problema, trazemos o registro de mais uma estratégia – do aluno Mar. Como o registro foi feito a lápis, não há como apresentá-lo na forma original, dada a qualidade da imagem; assim, fizemos a transcrição, mantendo a escrita original.

20 moscas por dia 3 dias 60

60 moscas disfarçado 2 dias 120

240 moscas de ocolos 1 dia 240

1
240
120
+60
420

Primeiro jutei as informações, disfarçado ele comia 60 moscas e como ele se desfarçava 2 vezes na semana era 120. Se fazer 2 x 60 = 120. Depois na sexta-feira ele comia 240 moscas, aí dava 3 dias então fis 3 x 20 que representa os dias que ele come sem se desfarçar.

O que esses registros nos sugerem? Quando os alunos estão inseridos na prática de resolução de problemas não convencionais, eles são capazes de utilizar estratégias variadas; eles se arriscam. Foi possível constatar que eles utilizam estimativas, fazem a representação pictórica, estabelecem padrões, usam o algoritmo; enfim, buscam estratégias próprias para resolver a situação proposta. É possível também acompanhar nesses registros a evolução da escrita da criança.

Para ilustrar o quanto a criança é capaz de se expressar para justificar um procedimento que teve significado para ela, trazemos um texto produzido por uma aluna da 4ª série para o problema do sapo.

A aluna An resolveu o problema (cuja resolução não foi possível escanear por trazer uma escrita feita a lápis, o que a tornou ilegível) e, em seguida, relatou sua estratégia:

> Eu fiz primeiro 3 x 20 para saber quantas moscas ele comia por dia disfarçado. Cheguei às 60 moscas. Então lembrei-me de que ele fica disfarçado por 2 dias. E fiz, então, 2 x 60, que 2 dias fica disfarçado e a cada dia ele come 60 moscas. Fiz 4 x 60 para saber quantas moscas ele come ao usar seus óculos. Cheguei às 240 moscas. E ele só usava esse acessório 1 vez na semana. Resolvi, somar 120, que era a quantia de moscas que consumia ao ficar 2 dias disfarçado, à 240, que era a quantidade de moscas que comia o dia que ficava com seus óculos espelhados. O resultado foi de 360 moscas. Mas essas 360 moscas eram a quantia que comeu 3 dias da semana. Sabendo que havia mais 3 dias a somar, que ele era um sapo normalmente, fiz vezes 20 que é quantas moscas ele come por dia sendo um sapo normal. Somei o resultado com as 360 moscas e cheguei à conclusão de que ele come por semana 420 moscas. Assim fiz sempre pensando em que nos domingos ficava de jejum.

Um registro como esse evidencia o quanto a aluna se apropriou da estratégia que ela escolheu para resolver o problema. Se, por um lado, a prática de resolução de problemas e o respectivo registro favorecem a autonomia intelectual do aluno, por outro, também enriquecem o vocabulário para a elaboração de situações-problema. No entanto, trata-se de uma prática que requer intervenção constante da professora, apontando os problemas, sugerindo reescrita do texto e valorizando as produções dos alunos.

A professora Brenda, por exemplo, em sua prática, seleciona os textos mais problemáticos para o trabalho de reelaboração coletiva. Suas propostas são sempre contextualizadas; após a elaboração da situação-problema e de sua resolução, os alunos entregam a folha a ela, que faz a leitura e seleciona uma ou duas situações para compartilhar com a classe e realizar coletivamente a reelaboração.

Essa rotina possibilita despertar nos alunos um interesse maior para essa prática que, desde o início, tem o objetivo de esclarecer o verdadeiro sentido de se escrever um texto – a ideia de que essa ação pressupõe um leitor; por isso, ao escrever, deve-se proporcionar ao leitor a possibilidade de boa interpretação desse texto.

Evidentemente, essa prática traz melhoras significativas na elaboração textual de situações-problema pelos alunos. Destacamos, a seguir, o caso do aluno Fe, em dois momentos diferentes de elaboração de situações-problema, evidenciando seu avanço.

A primeira elaboração foi feita a partir do trabalho com a fábula da cigarra e a formiga.[7] Ao final desse trabalho, a professora Brenda solicitou a elaboração de um problema que estivesse relacionado ao contexto trabalhado. O aluno Fe apresentou o seguinte texto em setembro de 2006:

Em março de 2007, a professora Brenda desenvolveu um projeto interdisciplinar a partir da obra *Os retirantes*, de Cândido Portinari.[8]

---

[7] Essas duas fábulas estão na íntegra no capítulo V.

[8] No capítulo V há uma narrativa de Brenda sobre esse trabalho interdisciplinar.

Numa das atividades foi proposta a confecção – realizada junto com a professora Brenda – de um painel em tamanho real, com folhas de papel pardo, da obra que estava sendo analisada. Terminada essa tarefa, a professora solicitou que os alunos elaborassem uma situação-problema contextualizada com a atividade realizada. O aluno Fe apresentou a seguinte situação-problema:

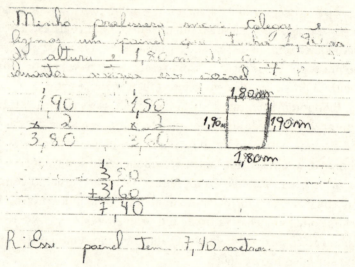

Observando as duas elaborações feitas por esse aluno, percebemos que em um primeiro momento existe uma dificuldade, pois ele não segue o padrão de texto para um problema, visto que coloca na resposta o que seria o problema em si, mas apresenta junto ao texto a respectiva resposta. Além disso, há uma confusão na ideia de divisão envolvida na situação, visto que ele parte de um contexto contínuo (comida), sem especificar o que está entendendo por isso; depois essa "comida" se transforma em quantidade discreta (19 frutas), o que dificulta a divisão em 8 pedaços.

Na elaboração realizada pelo mesmo aluno em março de 2007, percebemos o quanto ele evoluiu no que se refere não só à qualidade do texto, mas também à criatividade.

No texto apresentado para o problema, o aluno Fe não explicita que quer a medida do perímetro; no entanto, a figura desenhada e o contorno reforçado com lápis de cor evidenciam que a sua intenção era calcular o perímetro e o fez corretamente.

Essa evolução do registro, sem dúvida, é decorrente da constante intervenção da professora, apontando problemas, trabalhando coletivamente na escrita e reescrita do texto. Os resultados não aparecem de imediato; demandam tempo e um trabalho contínuo.

Em síntese, os registros aqui apresentados são ilustrativos de como os alunos criam estratégias diferenciadas para resolver as situações propostas. De um lado, esses registros contribuem para a própria aprendizagem do aluno, pois, ao registrar sua estratégia, ele toma consciência de seus raciocínios e leva em consideração a necessidade de ser o mais claro possível para que o leitor entenda como pensou diante da situação; de outro lado, os registros possibilitam ao professor acompanhar o processo de aprendizagem e a evolução do aluno.

Defendemos que, ao abrir espaço em suas aulas para a produção escrita dos alunos, a professora acaba se surpreendendo com a diversidade de estratégias que os alunos são capazes de produzir.

O registro possibilitando a identificação de questões que precisam ser retomadas/trabalhadas

O registro, muitas vezes, sinaliza para a professora conhecimentos matemáticos escolares que foram apropriados de forma equivocada pelos alunos e que necessitam de intervenção para ser superados.

A professora Brenda, ao iniciar suas atividades com uma nova turma de 4ª série, em 2008, detectou a grande dificuldade dos alunos em elaborar situações-problema. Ou porque não tinham o hábito da escrita nas aulas de matemática (principalmente para elaboração de problemas) ou porque estavam habituados a uma prática de resolução de problemas escolares que aborda aqueles problemas (tipo exercícios) que são resolvidos diretamente com o uso de um algoritmo e que, muitas vezes, não têm significado para o aluno.

Destacamos, a seguir, o registro de um desses alunos quando da realização de uma atividade sobre o comprimento da cobra.[9] Ao final da atividade, a professora solicitou aos alunos a elaboração de uma situação-problema sobre o contexto trabalhado em sala de aula:

---

[9] Veja a narrativa completa desta atividade no capítulo IV. Trata-se de uma atividade retirada do livro de Imenes & Lellis, a qual apresenta uma cobra enrolada e aos alunos é proposto o desafio de estimar se a cobra é ou não maior do que eles.

> A coba foi ao mercado com a sua mãe fazer compras ela pegou um saco de arroz no valor de 3,50 R$ e sua mãe compou uma sacola de pão que custa 5,00 R$, quanto elas gastaram? (Pal)

Assim como Pal, outros alunos da turma, quando solicitados a elaborar situações-problema, traziam contextos de compras em supermercado – fato que chamou a atenção de Brenda. Quando foi averiguar o porquê dessa prática, constatou que a professora que havia trabalhado com esses alunos nas séries anteriores enfatizava problemas envolvendo "compras" ou ida ao supermercado. Isso nos dá indícios de que os alunos acabam se apropriando de um discurso utilizado pelo professor e o reproduzem quando solicitados a elaborar uma situação matemática, mesmo que não faça sentido no contexto, como no registro acima. Tal prática se repetiu em outros problemas elaborados por essa turma.

Esse tipo de problema escolar também pode nos dar indícios de que o professor, na tentativa de contextualizar o ensino de matemática, traz para a sala de aula problemas de uma pseudorrealidade. Ou, como nos diz Skovsmose (2007, p. 82), uma "realidade virtual":

> Essa realidade inclui fazer compras, levantar preços, raciocinar com dinheiro, pagamento, taxas de câmbio, velocidade, aceleração, distância, que são entidades que observamos na "realidade". Mas, apesar disso, a realidade virtual de um exercício matemático é de uma natureza particular.

É usual a professora polivalente trabalhar com problemas a partir de folhetos de propaganda de supermercados, com situações de compra/venda, juros, acréscimos, etc. Sem dúvida, esse tipo de situação pode estar presente na sala de aula; no entanto, há necessidade de também criar outros tipos de contextos que ampliem o próprio vocabulário do aluno.

Ainda, para ilustrar esse fato, trazemos mais dois problemas nessa perspectiva:

> Joãozinho comprou um pássaro de brinquedo que custava 8 reais e Maria comprou uma bruxa de brinquedo que custava 2 reais eles foram na loja para comprar os brinquedos de Joãozinho e Maria. (May)

Joãozinho foi comprar uma calça para a Maria e a calça era de 31 reais e ele queria por 30 reais. (Pa)

Concordamos com Gómez-Granell (1997, p. 26):

> Se as pessoas, quando resolvem problemas da vida cotidiana, se comportam de maneira diferente de quando resolvem problemas escolares, é porque a natureza de ambos os tipos de problemas é radicalmente distinta. O conhecimento escolar requer a formação de um novo tipo de conhecimento, a aprendizagem de um método diferente de abordar os problemas.
>
> Os problemas matemáticos escolares têm características muito diferentes dos "dilemas" reais.

Além disso, os problemas de "compra e venda" em supermercado fazem parte do cotidiano não das crianças, mas dos adultos.

Os exemplos aqui apresentados foram fundamentais para que a professora Brenda repensasse como trabalhar com esses alunos, ou seja, como criar contextos em sala de aula que lhes possibilitassem ampliar seu universo de problematizações. Nesse caso, os registros foram fundamentais para que ela identificasse as questões que estavam merecendo maior atenção de sua parte.

Como nos diz Freire (1996, p. 122), dar voz ao aluno, não significa concordar com ele, ou seja:

> Respeitar a leitura de mundo, do educando não é também um jogo tático com que o educador ou educadora procura tornar-se simpático ao educando. É a maneira correta que tem o educador de, *com* o educando e não *sobre* ele, tentar a superação de uma maneira mais ingênua por outra mais crítica de inteligir o mundo.

O registro possibilitando a identificação de crenças quanto à matemática

Os textos mais abertos – tipo (auto)biografias, trajetórias de formação, em que o aluno possa expressar seus sentimentos – são altamente reveladores de crenças que os alunos trazem com relação à matemática. Muitas dessas crenças precisam ser trabalhadas e problematizadas para que sejam superadas.

Os sentimentos explicitados pelos alunos podem ser: gosto ou desgosto pela matemática, facilidade ou dificuldade em aprendê-la, sua utilidade – ou não – para a vida... enfim, os textos mais abertos possibilitam identificar sentimentos negativos ou positivos em relação à matemática.

Chacón (2003, p. 77), em sua pesquisa, analisou as crenças que os alunos apresentam em relação ao sucesso e ao fracasso escolar.

> As crenças que os jovens manifestam sobre o sucesso e o fracasso em matemática envolvem valores do grupo social, de sua dimensão afetiva e do posicionamento que eles assumem diante da matemática. O gosto pela matemática aparece como um motivo interno incontrolável.

A autora analisa, também, as crenças dos alunos provocadas pelo contexto escolar. Segundo ela "A matemática escolar é identificada como uma disciplina de conhecimentos" (CHACÓN, 2003, p. 79). Os alunos de sua pesquisa, tais como os exemplos que trazemos aqui, ao falar sobre a matemática, apresentam listas de conteúdos estudados.

Textos mais abertos podem ser usados, principalmente no início do ano letivo, como ferramenta que possibilite ao professor conhecer melhor seus alunos e a forma como eles se relacionam com a matemática.

No início do ano letivo de 2008, a professora Brenda solicitou aos seus alunos de 4ª série que escrevessem sobre sua aprendizagem em matemática. Para isso, apresentou o seguinte roteiro:

> Você já está na 4ª série e aprendeu matemática nos anos anteriores. Vamos escrever sobre isso.
>
> 1) O que você mais gosta de matemática? Por quê?
> 2) E o que você menos gosta? Explique o porquê.
> 3) Por que você acha que temos que estudar matemática?
> 4) Você usa matemática fora da escola? Onde?
> 5) Se você fosse representar seus sentimentos pela matemática, que desenho você faria? Faça-o.

No que diz respeito ao que eles mais gostam, chamou a atenção da professora o grande número de crianças (10 alunos num grupo de 18) que afirmaram que o que mais gostam são "as contas"; alguns especificaram de quais operações gostam, outros falaram de forma mais genérica. Somente 3 alunos não destacaram os algoritmos nas respostas: um trouxe o estudo de gráficos, outro o de frações, e um outro disse gostar muito de problemas. Destacamos algumas respostas:

> Sim já aprendi matemática gostei muito e quero aprender conta de três número na chave. (Mar)
> Eu gosto de fração porque eu sei fazer e é legal. (Lu)
> Dos problemas porque são legais de resolver. (Wev)
> Multiplicação porque vai pulando número. (Val)
> As contas de divisão porque é bom estudar eu aprendo duas coisas a tabúada e a divisão e poriso que gosto de matemática. (May)
> Do que eu mais gosto de matemática é fazer conta de mais e de menos porque as outras contas eu não gosto de fazer porque eu me enrolo. (Maya)
> Gráfico, porque gráfico e legal e você aprende coisas novas. (Wil)

Se, por um lado, a maioria diz gostar de "contas", ao descrever o de que menos gosta, a maioria disse ser a "conta de dividir por três números". Estariam esses alunos se referindo ao divisor com três algarismos?

Tais afirmações dos alunos sinalizam o quanto a prática de ensino de matemática nas séries iniciais é marcada pela ênfase em procedimentos algorítmicos desprovidos de significados com a valorização das habilidades de cálculo. Entendemos que, se for compreendido nos fundamentos operatórios, o procedimento da divisão independe da quantidade de algarismos que o divisor possa ter (dois, três ou quatro). No entanto, há que questionar qual é a finalidade de trabalhar com divisões com grande número de algarismos no divisor nas séries iniciais, uma vez que a ênfase deve ser posta nos significados dessa operação e na lógica de cada um de seus possíveis algoritmos.

Somente um aluno explicitou não gostar de matemática porque não sabe muito. Ou seja, sua relação com a matemática, provavelmente, está relacionada a sentimentos de fracasso, de não aprendizagem. Algumas respostas dadas por eles:

> Eu não gosto de divisão de 3 número, porque conta de três números são complicada, difíceis de somar, de saber o que colocar de bacho da chave. (Mar)
>
> Divisão, porque é um pouco chato. (Wil)
>
> Das contas de divisões de trez numeros que eu no sou muito bom. (Raf)

Essa constatação no início do período letivo exigiu que Brenda repensasse como seria seu trabalho no decorrer do ano, uma vez que esses alunos, apesar de gostarem da disciplina, vinham de uma cultura de aula de matemática com predominância de algoritmos. Como romper com esse tipo de crença?

No que diz respeito à importância de estudar matemática, as respostas foram genéricas e, na maioria dos casos, relacionadas à própria matemática escolar. Eis algumas falas:

> Para quando agente estiver no trabalho não saberemos somar. Poresenplo, se você estiver na faculdade e aparecer um problema de matemática você não sabera a resposta. (Mar)
>
> Porque se não estudar não consegue fazer a matemática. (Kel)
>
> Sim porque todos temos que estudar para nos aprendermos as contas tipo divisão, adição, multiplicação. (May)
>
> Porque nós temos que aprender porque quando pasamos de série já está gravado tudo na nossa cabeça. (Maya)

Outro fato que nos chamou a atenção diz respeito à crença que eles têm sobre o uso da matemática no cotidiano. A maioria disse de forma genérica que "usa a matemática em casa", sem explicitar em que contextos; apenas um aluno destacou que usa quando vai ao mercado para fazer as compras, e outro disse que usa quando brinca de escolinha. Dos 17 alunos, 4 deles disseram usar a matemática fora da escola. Destacamos algumas falas:

> Uso em qualquer lugar do mundo. (Val)
>
> Sim eu uso na minha casa quando brinco de escolinha e quando vou estudar. (Kel)
>
> Na minha casa mais nada. (Pal)
>
> Sim no mercado comprando coisas, vou estar somando o que eu vou comprando. (Mar)

Quando foram representar por um desenho os seus sentimentos em relação à matemática, a maioria desenhou a sala de aula, a lousa (com vários algoritmos) e/ou a professora. Ou seja, para esses alunos, a matemática resume-se à matemática escolar. Os desenhos a seguir evidenciam tais crenças.

Aluna Dan

Aluno Raf

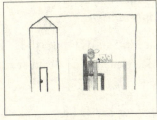
Aluna Dan

Aluno Raf

Em outras imagens, mesmo que a escola não tenha sido representada, o aluno traz o desenho de algum conteúdo estudado, como o aluno Ra traz a representação de frações:

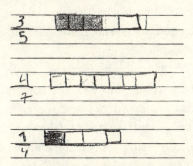

Nesse sentido, defendemos a importância de textos como esse, em que o aluno possa se expressar livremente. Seu valor pedagógico reside na possibilidade de o professor melhor conhecer seus alunos e fazer intervenções para que as crenças estereotipadas sobre matemática e sobre a escola sejam superadas. Como discutido anteriormente, não há como negar que muitas crenças construídas pelos alunos são decorrentes das crenças dos próprios professores com os quais eles já conviveram. A professora das séries iniciais que não gosta de matemática ou que encontra dificuldades de compreensão com certeza passa esse sentimento a seus alunos.

Mas a produção do registro por si só não é suficiente para o ambiente de aprendizagem que defendemos. Esse registro precisa ser socializado e compartilhado com os colegas em sala de aula. Isso possibilita a criação de um ambiente de comunicação em que o diálogo e os processos de argumentação vão se fazendo presentes.

A comunicação e a argumentação nas aulas de matemática

Concordamos com Vinicio Macedo Santos (2005, p. 121) que a comunicação na aula de matemática pode ser analisada em dois sentidos:

> [...] o primeiro diz respeito às formas de interação e discursos utilizados por alunos e professores; o segundo refere-se às representações simbólicas e algumas práticas discursivas de que se faz uso no processo de aprendizagem, para promover a compreensão e a comunicação de significados matemáticos.

Nesse processo a linguagem ocupa papel central. As diferentes formas de linguagem (oral, escrita, gestual, pictórica, corporal) possibilitam a comunicação.

No que se refere à linguagem, partimos da perspectiva vigotskiana, ou seja, "a linguagem tanto expressa o pensamento da criança como age como organizadora desse pensamento" e, nesse sentido, complementa a autora, a partir dos trabalhos de Vygotsky: "Tanto nas crianças como nos adultos, a função primordial da fala é o contato social, a comunicação; isto quer dizer que o desenvolvimento da linguagem é impulsionado pela necessidade de comunicação" (REGO, 2004, p. 64).

Se a aquisição da linguagem falada promove mudanças radicais no desenvolvimento da criança, a aquisição da linguagem escrita representa a possibilidade de formas mais complexas de relação com o mundo e com outras pessoas, de organização da ação, de diferentes modos de pensar (REGO, 2004). Assim, o aprendizado da linguagem escrita envolve a representação simbólica da realidade.

Nessa perspectiva, como conceber a linguagem matemática, que é simbólica e abstrata às crianças, quando elas iniciam seu processo de escolarização? Concordamos com Gómez-Granell (1997, p. 32) que "aprender matemática é aprender uma forma de discurso que, ainda que tenha estreita relação com a atividade conceitual, mantém sua própria especificidade como discurso linguístico".

Essa autora entende que a linguagem matemática, por ser formal, acaba por suprimir seu caráter semântico e caracteriza-se por ser a mais abstrata possível. No entanto, nesse processo de abstração e formalização:

> Por um lado, a linguagem natural desempenha uma função primordial na criação de novos símbolos matemáticos, garantindo o vínculo com o objeto de referência e impedindo a perda de significado provocado por todo processo de abstração; por outro, é essencial para devolver aos símbolos matemáticos um significado referencial, penetrar nas ciências do mundo externo – física, química, biologia, economia, sociologia, psicologia – e na vida cotidiana. (GÓMEZ-GRANELL, 1997, p. 35)

Segundo ela, não se trata de a linguagem formal se sobrepor à linguagem natural, mas de admitir a coexistência de ambas em sala de aula. Essa ideia é complementada por Vinicio Macedo Santos (2005, p. 123), ou seja,

> [...] é na interface das duas formas de linguagem (a corrente e a matemática) ou dessas diferentes orientações que se manifestam na aula de Matemática que o professor atua para enfrentar conflitos no uso das linguagens, da comunicação e da construção de conceitos matemáticos.

Dar uma atenção especial ao papel da linguagem é essencial em todo o ensino fundamental, mais especificamente nas séries iniciais. Criar condições em que os alunos possam expressar pensamentos matemáticos – oralmente ou por escrito – constitui a ideia central da comunicação nas aulas de matemática.

Concordamos com Alrø e Skovsmose (2006) que a comunicação nas aulas de matemática pode existir até mesmo nas aulas mais tradicionais.[10] No entanto, estamos interessadas naquelas aulas em que haja espaço para as interações, para o diálogo e para imprevisibilidade. Como dizem os autores

> [...] estamos interessados em situações em que os alunos envolvem-se em processos de investigação mais complexos e imprevisíveis. Isso abre um novo espaço para a comunicação, no qual novas qualidades podem surgir. (p. 16)

Não há como ignorar que o tipo de comunicação que ocorre nas aulas de matemática se constituiu em um indicador da natureza do processo de ensino-aprendizagem. O tipo de pergunta torna-se muito importante nesse contexto e desempenha um papel fundamental, pois poderá conduzir ao desenvolvimento de comunicações e interações específicas que promovam desenvolvimento. As interações são essenciais para estimular a descoberta, a elaboração de sínteses. Como mencionado anteriormente, as interações aluno-aluno numa aula de matemática podem ser intensificadas através do compartilhamento das ideias tanto em aulas consideradas mais tradicionais quanto em aulas mais dinâmicas. No entanto, estudos evidenciam que dinâmicas de resolução de problemas, de explorações/investigações, de trabalho de projetos são potencialmente mais ricas e contribuem para que os alunos, progressivamente, apropriem-se da linguagem matemática e dos conceitos envolvidos. O papel do professor nesse contexto é fundamental, pois, dependendo do tipo de dinâmica que conduz, poderá desencadear novos conhecimentos ou inibi-los. Assim sendo, a seleção das tarefas que serão propostas, bem como o gerenciamento da aula, são elementos definidores.

---

[10] Por "tradicional" os autores entendem "o ambiente escolar em que os livros-texto ocupam papel central, onde o professor atua trazendo novos conteúdos, onde aos alunos cabe resolver exercícios e onde o ato de corrigir e encontrar erros caracteriza a estrutura geral da aula" (ALRØ; SKOVSMOSE, 2006, p. 16).

Além disso, acreditamos que a comunicação possibilite ao professor a identificação do progresso dos alunos e de suas dificuldades. Entendemos que os processos de argumentação e construção de conhecimento são indissociáveis e podem ser ampliados em ambientes de comunicação de ideias.

Neste livro não estamos considerando a argumentação na aula de matemática na perspectiva da "prova" matemática. No início da escolarização pode-se aceitar uma argumentação, por exemplo, a partir de dobradura de um quadrado, desenhado em uma folha de papel, cuja diagonal determina dois triângulos congruentes; no entanto, em anos posteriores, as dobragens de papel deixarão de ter valor de prova. A natureza da argumentação nas aulas de matemática nas séries iniciais é outra. Tal como Boavida (2005), acreditamos que a competência argumentativa pode estender-se para a capacidade de dialogar, de pensar e de fazer opções. Essas capacidades se refletem nas relações com o outro, tornando efetivo o desejo de comunicar.

Contudo, é importante ressaltar que estabelecer um ambiente em que se promova e incentive a argumentação matemática não é tarefa fácil para a professora, em especial para aquela que ensina matemática nas séries iniciais, que não teve, em sua formação, fundamentos da matemática.

Esse ambiente pressupõe também que o aluno seja incentivado a argumentar, ou seja, a expressar e defender seus pontos de vista, bem como a considerar as posições de outros. A professora pode facilitar o processo de argumentação, ao solicitar aos alunos que exponham suas ideias e ao colocar questões que exijam tomadas de posição.

Ela também precisa estar atenta às ideias que os alunos comunicam. Muitas vezes, aquilo que parece ser uma resposta incorreta pode se tratar de falta de capacidade para expressar-se. Alunos que estão acostumados com uma aula de matemática mais tradicional geralmente têm dificuldades de inserir-se nessa dinâmica de comunicar suas ideias. Daí a importância de trabalhar também com o registro escrito; dessa forma, a professora possibilita que aqueles alunos mais tímidos, que no começo do trabalho não gostam de se expor, também comuniquem seus raciocínios, suas estratégias e suas ideias matemáticas.

Propiciar um ambiente de comunicação e de interação na sala de aula é acreditar que os alunos aprendam uns com os outros quando se comunicam. Para o professor, esse ambiente fornece informações importantes de como seus alunos pensam e de como estão elaborando conceitos, o que lhe possibilita tomadas de decisões quanto ao planejamento de suas aulas.

Para ilustrar um processo de interação e comunicação de ideias entre professora e alunos, trazemos a transcrição de um momento da aula da professora Brenda – momento audiogravado, ocorrido em fevereiro de 2008, na sua turma de 4ª série –, em que ela e seus alunos discutem a solução de um problema escolar. Optamos por apresentar inicialmente o diálogo na íntegra, para depois tecer nossas considerações.

> *Camila foi comprar 4 ingressos para um espetáculo circense; cada ingresso custava 12 reais e Camila deu 5 notas de 10 reais para pagar. Qual foi o troco que Camila recebeu?*

Professora – O que conta esta situação-problema?

Alunos[11] – É 4 ingressos e que cada ingresso custa 12 reais. Ela pagou 5 notas de 10 reais.

Professora – Que no total deu quanto?

Alunos – 50 reais.

Professora – E como a gente faz pra saber quanto ela gastou?

Aluno Mar – Dá pra uma conta de mais somando de um em um: 12+12+12+12 e se fizer uma conta reta (em pé) dá pra somar e é mais fácil e o resultado dá 48.

Alunos – E também dá pra fazer uma multiplicação: 4x12.

Alunos – Não! É 12 x 4.

Professora – Mas é 4x12 ou 12x4?

Alunos – É 12x4.

Professora – Por quê?

Aluno Dan – Não, é 4x12 porque são 4 ingressos.

Professora – Mas vocês também me disseram que era 12x4. Então, qual é a diferença entre 12x4 e 4x12?

---

[11] Quando houver a referência a "alunos" é porque foram várias falas simultâneas.

Alunos – Nenhuma.

Professora – Não há diferenças?

Alunos – O 12 é maior que o 4.

Alunos – Não é a mesma coisa.

Professora – Vocês estão falando que é a mesma coisa, então vamos resolver a multiplicação e ver se dá...

Alunos – 4x12=48 e 12x4=48.

Professora – Deu a mesma coisa?

Alunos – Deu.

Professora – Então 4x12 deu 48 e 12x4 deu 48, mas a minha pergunta é se 4x12 é o mesmo que 12x4?

Alunos – É porque a gente fez a conta e deu 48.

Professora – Então qual é a diferença entre fazer 4x12 e 12x4?

Aluno Mar – O número é maior, é essa a diferença.

Aluno Dan – Porque no 12x4 a conta fica maior.

Professora – A diferença é só essa?

Professora – Olha só, a prô vai desenhar os ingressos e o valor de cada um deles. Analisem o desenho.

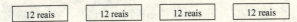

Professora – então, veja, são 4 ingressos e cada um custa 12 reais. Então qual é a multiplicação: 4x12 ou 12x4?

Alunos – As duas.

Aluno Dan – É 4x12.

Professora – Por quê?

Aluno Mar – Não, já sei, é porque é 4 ingressos e cada um é 12 reais.

Aluno Mar – O ingresso custa 12 reais e assim vai indo de um em um.

Professora – Ninguém conseguiu descobrir?

Aluno Dan – São 4 ingressos de 12 reais e não 12 ingressos de 4 reais.

Professora – Então é isso mesmo que ele falou, por isso a multiplicação correta é 4x12, pois a quantidade que se repete é o 12 e não o 4.

No início do diálogo a professora Brenda coloca os alunos em movimento de pensamento diante da situação proposta, fazendo questões para certificar-se de que eles entenderam tal situação e para descobrir que estratégias poderiam ser utilizadas para a solução. O diálogo continua, até que o aluno Mar apresenta uma estratégia possível: *Dá pra uma conta de mais somando de um em um: 12+12+12+12 e se fizer uma conta reta (em pé) dá pra somar e é mais fácil e o resultado dá 48.* Sua fala sugere que ele havia feito o algoritmo da adição (*uma conta reta, em pé*). Diante do que ele diz, alguns alunos já associam imediatamente a adição de parcelas iguais com a multiplicação, sugerindo que se faça 4 x 12. No entanto, isso não é consenso entre os alunos, pois um grupo logo discorda dessa multiplicação e diz que é 12 x 4. Nesse momento, a professora Brenda provoca o conflito, ao perguntar se é 12 x 4 ou 4 x 12. Enquanto um grupo de alunos afirma ser 4 x 12, o aluno Dan discorda e justifica tratar-se de 4 ingressos.

No diálogo que se segue, a discussão gira em torno dos dois aspectos da linguagem matemática: a questão sintática – de que 12 x 4 tem o mesmo resultado que 4 x 12 – e a questão semântica: quem é o multiplicando e quem é multiplicador na situação proposta. Observa-se que o aluno Dan, ao longo do diálogo, mantém-se convicto de seus argumentos, embora nem sempre consiga explicar aos demais como está pensando, não consegue se expressar matematicamente; chega até mesmo a usar o argumento de que *a conta fica maior*. No entanto, as novas questões postas pela professora Brenda e a representação que ela faz possibilita que o aluno Mar tenha a "sacada": *Não, já sei, é porque é 4 ingressos e cada um é 12 reais* e complementa sua ideia (*O ingresso custa 12 reais e assim vai indo de um em um.*), a qual é referendada pelo aluno Dan (*São 4 ingressos de 12 reais e não 12 ingressos de 4 reais.*), que consegue finalizar seu pensamento – evidenciado desde o início da discussão.

Um momento de interação como esse possibilita que os alunos se apropriem do conceito de multiplicação e que a professora se certifique da necessidade de investir mais no trabalho conceitual dessa operação.

Tal movimento foi propiciado pelo diálogo, pelo ato de dar voz aos alunos e ouvi-los. Movimento que, como nos diz Freire

(1996, p. 121): "me proporciona que, ao escutar, como sujeito e não como objeto, a fala comunicante de alguém, procure entrar no movimento interno do seu pensamento, virando linguagem". A professora Brenda, ao dar voz a seus alunos, propondo questões, colocou-os em movimento de pensar matematicamente.

Mas a comunicação também pode ocorrer por meio de um registro escrito. O aluno pode comunicar um raciocínio matemático quando ainda não dispõe do algoritmo para resolver a situação proposta. O aluno Hen, ao elaborar um problema que envolvia multiplicação de valores monetários – em reais e centavos –, apresenta uma forma muito interessante para o seu cálculo.

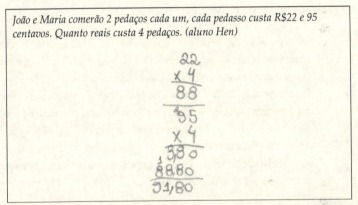

João e Maria comerão 2 pedaços cada um, cada pedasso custa R$22 e 95 centavos. Quanto reais custa 4 pedaços. (aluno Hen)

Essa estratégia sinaliza para a professora que o aluno tem compreensão do contexto multiplicativo e dos valores monetários – embora ainda não consiga representar simbolicamente todos os valores. Observa-se no seu algoritmo que, inicialmente, ele multiplicou a parte inteira (22 reais) por 4; em seguida, multiplicou a parte decimal (95 centavos) por 4, mas já fez a escrita em reais (3,80) que, somada com a parte anterior (embora ele tenha colocado 88,80) totaliza 91,80 – valor correto para o produto: 4 x 22,95.

Tais análises dão indícios de que a comunicação de ideias promove tipos de argumentação para além do objetivado no planejamento da aula ou, como destaca Boavida (2005, p. 23), coloca em cena a relação entre pessoas.

Ao longo deste capítulo, há outros contextos que evidenciam o quanto um ambiente de aprendizagem, pautado pelo diálogo e pela comunicação de ideias, possibilita outra cultura de aula de matemática. No entanto, como dizem Alrø e Skovsmose (2006, p. 98), "o que é tornado público em um diálogo é apenas parte do processo de aprendizagem". A linguagem – oral ou escrita – não expressa tudo, ou seja, ela não possibilita que tenhamos acesso às aprendizagens reais dos alunos. Por outro lado, isso requer a criação de diferentes espaços na sala de aula em que o aluno possa se expressar. Quanto mais possibilidades os alunos tiverem para comunicar suas ideias, maior acesso o professor terá ao processo de aprendizagem deles. Daí o papel fundamental do professor nesse ambiente. É ele quem vai possibilitar a criação de um ambiente dialógico – o qual possibilita novas relações com o conhecimento.

> Meu papel como professor, ao ensinar o conteúdo *a* ou *b*, não é apenas o de me esforçar para, com clareza máxima, descrever a substantividade do conteúdo para que o aluno o fixe. Meu papel fundamental, ao falar com clareza sobre o objeto, é incitar o aluno a fim de que ele, com os materiais que ofereço, produza a compreensão do objeto em lugar de recebê-la, na íntegra, de mim. Ele precisa se apropriar da inteligência do conteúdo para que a verdadeira relação de comunicação entre mim, como professor, e ele, como aluno se estabeleça. (FREIRE, 1996, p. 118)

Esse é o ambiente de aprendizagem que defendemos, no qual o registro escrito, a oralidade e as argumentações possibilitam uma verdadeira relação de comunicação.

Capítulo IV

A produção de significados matemáticos

Nosso propósito neste capítulo é ampliar nossa concepção do que é um ambiente para aprendizagem matemática, destacando que, no movimento de comunicação, a negociação e a produção de significados ocupam papéis centrais.

Explicitando nosso entendimento de "produção de significados"

Trabalhar com matemática na perspectiva que defendemos exige criar, em sala de aula, contextos em que o aluno seja colocado diante de situações-problema nas quais ele deve se posicionar e tomar decisões, o que exige a capacidade de argumentar e comunicar suas ideias. Assim, a sala de aula precisa tornar-se um espaço de diálogo, de trocas de ideias e de negociação de significados – exige a criação de um ambiente de aprendizagem.

Ao criar um ambiente de aprendizagem pautado no diálogo, a professora pode desenvolver um outro olhar para a sala de aula como espaço institucional de produção de conhecimento. Isso exige ouvir os alunos, "procurar entender como eles operam, de onde partem, como relacionam informações e conhecimentos e como justificam ou explicam essas relações, que suposições ou hipóteses elaboram" (SMOLKA, 2007, p. 16).

Dessa forma, faz-se necessária uma concepção de aprendizagem que não parta da premissa de que todo ensino implica aprendizagem, mas que encare o movimento de sala de aula como um processo de produção de significados e de construção de conhecimento. Assim, partilhamos da concepção de Colinvaux (2007, p. 32):

> Aprender deverá ser entendido como um processo que envolve a produção/criação e uso de significações. [...] conhecer é compreender e, portanto, significar. Nesta perspectiva, a aprendizagem está associada a processos de compreensão do mundo material e simbólico, que pressupõem geração, apropriação, transformação e reorganizações de significações. Por isso, postulamos que aprender é um processo de significação, isto é, um processo que mobiliza significações, criando e recriando-as. [...]

O processo de ensino-aprendizagem caracteriza-se, então, por colocar em circulação conhecimentos-significações e, muitas vezes, é do encontro entre vários sistemas que cada um e todos da classe fazem emergir novas modalidades de compreensão, decorrentes de ampliação, do aprofundamento e/ou revisão do entendimento do assunto em pauta.

Tal concepção, no nosso entender, aproxima-se daquela que Alrø e Skovsmose (2006, p. 45) designam "aprendizagem como ação". A sala de aula, sob esse aspecto, requer que os alunos estejam envolvidos com a situação proposta; que haja "a busca de uma perspectiva satisfatória", que seja compartilhada; e que haja intenção e ação dos alunos. Segundo os autores, por trás das ações deve haver certa intencionalidade. "Os alunos não têm que encontrar uma razão para aprender antes de se deixarem envolver na aprendizagem. As intenções têm de estar presentes no próprio processo de aprendizagem" (p. 48).

Postulamos, assim, uma concepção de aprendizagem na perspectiva histórico-cultural, entendendo que toda significação é uma produção social e que toda atividade educativa precisa ter uma intencionalidade – que, inevitavelmente, é perpassada pelas concepções de quem a propõe.

Como toda produção social, esse processo de significação implica partilha, comunicação e interação. Bruner (1997, p. 23) considera que "nosso meio de vida culturalmente adaptado depende da partilha de significados e conceitos. Depende igualmente de modos compartilhados de discursos para negociar diferenças de significado e interpretação". Para esse autor, os significados são elaborados e reelaborados no domínio público, ou seja, "nós vivemos publicamente através de significados públicos, compartilhados por procedimentos públicos de interpretação e negociação".

Ao modo como esses significados são elaborados, compartilhados e reelaborados, alguns autores vêm denominando "negociação de significados", aqui entendida como uma interação entre dois ou mais sujeitos, com pontos de partida e interesses muitas vezes diferentes, que podem dar algo uns aos outros, beneficiando a todos. Num contexto de negociação de significados, professores e alunos têm experiências e conhecimentos diferentes: o professor detém o conhecimento a ser ensinado, consegue estabelecer relações com outros conceitos e já tem uma expectativa e uma intencionalidade, ao propor uma situação a ser resolvida. O aluno é o aprendiz, aquele para quem, muitas vezes, o conceito matemático não tem significado algum. No entanto, numa atividade autêntica, ambos – professor e aluno – estão interessados na ocorrência de aprendizagens e, no processo de negociação, cada um assume seu papel.

Para que o processo de negociação de fato ocorra, o ambiente de diálogo e confiança mútua é fundamental. O professor precisa estar predisposto a ouvir e dar ouvido ao aluno, estimulando-o a explicitar suas ideias e seus argumentos de forma que o aluno se sinta encorajado a posicionar-se, sem medo de errar, pois sabe que suas contribuições são importantes para o processo. Compartilhamos com Alrø e Skovsmose (2006, p. 70) a ideia de que o posicionamento exige o levantamento de pontos de vista

> [...] não como verdades absolutas, mas como algo que pode ser examinado. Um exame pode levar à reconsideração das perspectivas ou a novas investigações. Defender posições significa propor argumentos em favor de um ponto de vista, mas não a ponto de bater pé firme a qualquer custo.

Como possibilitar que a sala de aula se transforme nesse ambiente de aprendizagem em que haja a negociação de significados?

Trazemos como ilustração desse processo uma narrativa produzida pela professora Brenda, a partir de uma situação-problema trabalhada com seus alunos, em abril de 2008, na turma de 4ª série. Trata-se de uma situação retirada do livro de Imenes & Lellis, 3ª série, *Novo Tempo*, p. 65, na qual os autores apresentam uma cobra enrolada e questionam se a cobra é ou não maior do que os alunos. Por ser uma narrativa que possibilita diferentes olhares e interpretações, ela será apresentada de forma fragmentada, com destaques nas questões relativas à produção de significados.

> Narrativa sobre a atividade da cobra
> Inicialmente, com o objetivo de trabalhar medidas, confeccionei com os alunos um painel com a medida da altura de todos da sala. Tal medida foi dada em centímetros.
> Após medir todos os alunos, questionei quais possibilidades podiam ser dadas à leitura de, por exemplo, 128 cm, com a intenção de que estes fizessem uma transformação de unidades.
> Logo, o aluno Dan disse que também poderia ser lido 1 metro e 28 centímetros.
> A partir desta intervenção fui questionando a respeito das demais alturas escritas no painel, para que, oralmente, fizessem tal transformação.

Brenda, inicialmente, criou um ambiente propício ao envolvimento dos alunos e buscou partir de algo que era do conhecimento deles: a medida de suas alturas. Ao proceder assim, ela possibilita que os alunos tomem consciência dos tamanhos entre 1,20 m e 1,57 cm (a menor e a maior altura dos alunos da classe).

Em seguida, ela apresentou a figura da cobra que estava no livro. Como a cobra estava enrolada, as estimativas dos alunos foram bastante discrepantes – variaram de 0,5m a 40m.

> Em seguida, apresentei a figura, fazendo a seguinte pergunta: "Será que esta cobra é maior que vocês?".
> Em virtude da grande polêmica entre os alunos, na lousa, fiz uma tabela das respostas dadas, que foram as seguintes:

SIM	NÃO
19	02

Como percebi que os alunos ficaram muito interessados no assunto e, mais ainda, em descobrir se a cobra era ou não maior do que eles, achei pertinente, no momento, fazer com eles uma lista das estimativas do tamanho da cobra segundo o ponto de vista de cada aluno.

Aí é que a aula foi se tornando mais dinâmica e interessante. Todos queriam falar; a sala ficou toda alvoroçada. Foi muito legal, principalmente, porque todos sentiram vontade em se expressar, atitude não muito comum nesta turma. Então surgiram as seguintes estimativas:

2 m; 10 m; 0,5 m; 5 m; 3 m; 30 m; 1,60 m; 1,50 m; 1,40 m; 8 m; 4 m; 2,20 m; 2,10 m; 6 m; 40 m; 2,50 m e 20 m.

Foi tudo muito interessante; os alunos ficavam me perguntando qual era a medida da cobra: "conta, prô!; Ah, prô, mas a que horas você vai contar quem acertou?"

Percebendo a mobilização dos alunos diante da situação proposta, Brenda decidiu não fornecer a resposta imediatamente e, no dia seguinte, novamente apresentou um elemento de mediação para novas estimativas dos alunos: o comprimento da cobra representado por um barbante com 2 m de extensão. Tal mediação foi fundamental para que os alunos fizessem estimativas bastante próximas de 2 m, com exceção de um aluno que manteve sua previsão inicial de 0,5 m.

Logo que cheguei à escola no dia seguinte, a maioria dos alunos já me esperava no portão e correram ao meu encontro, para me perguntar quem tinha acertado a tal medida. Pedi para que tivessem um pouco de calma, pois a atividade ainda teria mais algumas etapas.

Levei para a sala a medida da cobra num pedaço de barbante, e lancei a seguinte pergunta: "Agora vocês então vendo o tamanho da cobra representado aqui neste pedaço de barbante. E agora? Vocês acham que a cobra tem a medida que vocês estimaram ontem?"

Alguns alunos demonstraram dúvida, então pensei "bingo!", era isso que eu queria. Em virtude da reação deles, comuniquei a eles que faríamos uma nova lista: agora estimariam o tamanho da cobra a partir do que estavam vendo.

Tamanha foi a minha surpresa quando eles foram citando, cada um, sua estimativa:

1,5 m; 1,10 m; 0,5 m; 1,40 m; 1,30 m; 1,60 m; 1,25 m; 1,70 m; 1,20 m; 1,78 m; 1,67 m; 1,80 m e 2 m.

Percebi neste momento o quão importante foi para estes alunos o fato de eu apresentar o barbante com o tamanho real da medida da cobra e como, a partir deste recurso, eles tiveram percepção de que os valores até então citados eram muito maiores do que o barbante que eu havia lhes mostrado. Prova disso foi que, nas novas estimativas, não foram dados, por eles, valores superiores a 2 m.

Diante disso, senti que havia chegado a hora de revelar a verdadeira medida da cobra, 2 m, o que deixou alguns alunos frustrados: "Ah, prô, eu errei!; Ah, só uma pessoa acertou?".

Quando os colegas questionaram Lê, como ele sabia que o barbante tinha 2 m, este disse que sempre compra rabiolas para pipa e que estas são vendidas em pedaços de 2 m; assim, logo percebeu que o barbante também tinha esse comprimento.

No entanto, o fato de o aluno Lê acertar e justificar que sua estimativa tinha sido decorrente de sua experiência com a compra de rabiolas para pipa evidencia o quanto circulam na sala de aula conhecimentos provenientes das práticas sociais não escolarizadas, quando os alunos são colocados em situações de compartilhamento de ideias.

Diante do significado que esta sequência de atividades teve para estes alunos, pedi para que escrevessem um relatório, em seguida, uma conclusão e uma elaboração de uma situação-problema contextualizada com a aula. Trago um exemplo de cada produção dos alunos.

Relato do aluno Hen:

> Começou quando a professora perguntou uma medida de uma cobra toda enrolada, todos deram um palpite, e depois a professora passou uma tabela e 19 alunos disse que a cobra era maior do que eles e 2 pessoas disseram que era menos e nós ficamos ansiosos, e a Ma disse para a professora fechar bem a casa porque ela ia ver a medida da cobra.
>
> No outro dia ela revelou foi um menino o Lê, porque ele comprava rabiola com 2 metros e ele acertou.

Conclusão da aluna Be:

> Eu gostei muito desse problema, porque nós não pensamos mas agora nós estamos pensando.

Situação-problema do aluno Val:

> Uma cobra picou uma menina de 17 anos e ela foi para o hospital ela ficou sem anda até os 52 anos quantos anos ela ficou sem andar
>
> R: ela ficou 35 anos sem andar.

Os registros solicitados pela professora ilustram os aspectos já discutidos anteriormente, no que diz respeito à sua importância para os processos de tomada de consciência de conceitos trabalhados em sala de aula e para a constatação do quanto o aluno registra os fatos que foram mais marcantes para ele. Em seu relatório, Hen não apenas descreveu como transcorreu o ambiente de trabalho, como também destacou a experiência de Lê com a compra de rabiolas.

Outra evidência de como conhecimentos escolares e não escolares e significações circulam na sala de aula está na situação-problema elaborada por Val. É preciso lembrar que a escola onde Brenda atua está localizada na zona rural; daí o conhecimento cotidiano desse aluno no que diz respeito às consequências de ser picado por cobra. Evidentemente, a picadura da cobra não deixa a pessoa paraplégica (ou "sem andar"), mas pode prejudicar a saúde. O que chamou a atenção de Brenda foi o fato de vários alunos usarem esse tipo de contexto, o que provavelmente não ocorreria se eles fossem alunos de zona urbana, que não têm (ou têm pouco) contato com cobras.

Ainda com relação à elaboração da situação-problema por Val, destaca-se o modelo de problema matemático escolar por ele produzido – o que ocorreu com muitos outros alunos da classe. Tais tipos de problemas – fortemente presentes nas aulas de matemática – também podem ser considerados conhecimentos que circulam em contextos de aprendizagem.

Se, desde os primeiros anos do ensino fundamental, o aluno for colocado em situações em que tenha de justificar, levantar hipóteses, argumentar, convencer o outro, convencer-se, ele produzirá significados para a matemática escolar. Esses significados precisam ser compartilhados e comunicados no ambiente de sala de aula. Como destacado no capítulo anterior, só é possível falarmos num ambiente de aprendizagem se este for constituído pelos processos de comunicação, em que o diálogo e a negociação de significados estejam presentes.

Elaboração conceitual X procedimentos algorítmicos

Como destacado na apresentação deste livro, trouxemos, para ilustrar nossos argumentos, situações de aula centradas na aritmética, embora muitas perspectivas aqui discutidas se apliquem a quaisquer contextos matemáticos. Destacamos, ainda, que em trabalho anterior (NACARATO; PASSOS, 2003) já tomamos como foco de estudo a geometria.

Muitas vezes constatamos que a prática pedagógica nas séries iniciais se centra na aritmética, em especial, no ensino dos algoritmos desprovidos de significados, e não privilegia a questão conceitual, e as ideias presentes nas operações básicas. Tais práticas acabam por consolidar uma matemática escolar reducionista, que não possibilita o pensar e o fazer matemático em sala de aula.

Como destacado no capítulo 1, Carvalho (2000) já aponta o quanto as propostas curriculares estaduais da década de 1980 mantinham forte ênfase em conteúdos e algoritmos das operações, em detrimento dos aspectos conceituais. Provavelmente, essa ênfase acabou por consolidar uma prática em sala de aula pautada em procedimentos algorítmicos. Embora os PCN tenham destacado a importância de trabalhar de forma mais conceitual, tal realidade ainda está bastante distante de algumas salas de aula.

O que se observa, muitas vezes, é a falta de autonomia do aluno diante de uma situação-problema: ele se limita a esperar que a professora diga qual é a operação que deve ser feita ou, então, atira-se a fazer uma série de algoritmos totalmente desvinculados do contexto. É como se os alunos estivessem diante de um contrato didático implícito: diante de um problema, há que fazer cálculos.

Como afirmam Abrantes, Serrazina e Oliveira (1999, p. 13):

Se queremos valorizar as **capacidades de pensamento** dos alunos, teremos de criar condições para que eles se envolvam em atividades adequadas ao desenvolvimento dessas capacidades. Não é por fazer muitas contas que os alunos aprendem a identificar quais são as operações que fazem sentido numa situação nova. Não é por fazer muitos exercícios repetitivos que os alunos adquirem a capacidade de resolver problemas. Não é por memorizar nomes de figuras e sólidos geométricos ou enunciados de propriedades e teoremas que os alunos aprendem a raciocinar e argumentar logicamente. (Grifo dos autores)

Para ilustrar o quanto os alunos não desenvolvem essa capacidade de pensamento, trazemos alguns exemplos ocorridos na sala de aula da professora Brenda.

Qual algoritmo utilizar?

No início de 2008, na turma da 4ª série, após trabalhar com o conto de João e Maria, dos Irmãos Grimm, a professora Brenda solicitou aos alunos a elaboração de um problema relacionado ao contexto. O aluno Dan elaborou a seguinte situação (aqui transcrita, pois a imagem escaneada não saiu boa):

João tinha 45 kg e Maria tinha 28 kg. Quanto João tinha mais que Maria?

Em seguida, ele apresentou o seguinte algoritmo:

```
         DU
3 4̸ 5 | 28
- 2 8   01
-----
  17    DU
```

Logo, abaixo, colocou a resposta: *João é 17 vezes mais pesado.*

O que nos chama atenção nesse caso:

– O enunciado do problema está correto, inclusive sem erros gráficos.

– O algoritmo da divisão está correto e nele Dan indicou todos os procedimentos que devem ser feitos.

No entanto, usou o algoritmo da divisão para um contexto de subtração. Mas a sua resposta revela que ele, provavelmente, já o conhecia, pois ele se refere ao resto da divisão, e não ao quociente, ou seja, indica estabelecer a diferença entre 45 e 28, embora use de forma equivocada na resposta a expressão *17 vezes mais pesado*, visto que esta se refere a um pensamento multiplicativo, e não aditivo.

Chamamos a atenção para a particularidade do caso. Embora dividir possa ser interpretado como subtrair sucessivamente o divisor do dividendo, nesse caso particular, o resto corresponde à solução do problema proposto porque o quociente foi unitário. Numa situação como essa a professora poderia instigar seus alunos a investigar outras situações em que o quociente fosse maior que um.

A força dos algoritmos

Ainda com essa mesma turma, a professora Brenda solicitou a produção de uma situação-problema, após trabalhar a lenda do sapo rei. Trata-se de uma fábula dos Irmãos Grimm. Apresentamos, a seguir, um trecho da versão trabalhada com as crianças[12]:

> Era uma vez, no tempo em que os desejos ainda se cumpriam, um rei cujas filhas eram todas belas. Mas a menor era tão linda, que o próprio Sol, que já vira tanta coisa, se alegrava ao iluminar o seu rosto. Perto do castelo do rei havia um bosque escuro. E, no bosque, debaixo de uma grande árvore, havia um poço. Quando fazia muito calor, a filha do rei saía para o bosque e sentava-se à beira do poço. E quando a princesinha se entediava, pegava uma bola de ouro e ficava brincando de jogá-la para cima e agarrá-la. Mas aconteceu, certa vez, que a bola de ouro passou direto pelas mãos da menina, bateu no chão e rolou para dentro d'água. A princesinha foi seguindo a bola com os olhos até que não conseguiu mais enxergá-la, pois o poço era muito fundo. Então começou a chorar. Chorava cada vez mais alto, sem conseguir parar. Enquanto se lamentava, ela ouviu uma voz que dizia:
>
> – O que foi que te aconteceu, filha do rei? Choras tanto que podes comover até uma pedra. Ela olhou em volta, procurando de onde vinha aquela voz, e viu, então, um sapo com sua grande e feia cabeça para fora da água.
>
> – Ah, és tu? – disse ela. – Estou chorando por causa da minha bola de ouro que caiu no fundo do poço. – Sossega e não chores

---

[12] Disponível em: <http://www.usinadeletras.com.br>. Acesso em: 29 jun. 2008.

– respondeu o sapo. – Eu posso te ajudar. Mas o que me darás, se eu te devolver o brinquedo?

– O que tu quiseres, querido sapo – disse ela. – Meus vestidos, minhas pérolas, minhas pedras preciosas e também a coroa de ouro que estou usando.

O sapo respondeu:

– Teus vestidos, tuas pérolas, tuas pedras preciosas e tua coroa de ouro eu não quero. Mas se aceitares gostar de mim, para eu ser teu amigo e companheiro, e me deixares sentar ao teu lado à mesa, comer no teu prato de ouro, beber na tua taça e dormir na tua cama, se me prometeres isso, eu descerei para o fundo do poço e te trarei de volta a bola de ouro.

– Ah, sim – disse ela. – Eu te prometo tudo o que queres, mas traze-me de volta a minha bola de ouro. – Aí, ela pensou consigo mesma: "Que bobagens fala este sapo! Ele vive dentro d'água com outros sapos, coaxando, não pode ser companheiro de um ser humano". Quando o sapo recebeu a promessa, mergulhou de cabeça, desceu ao fundo e voltou com a bola na boca. A princesinha apanhou seu lindo brinquedo e saiu pulando. – Espera, espera! – gritou o sapo. – Leva-me contigo, eu não posso correr depressa!

Mas a menina não lhe deu atenção, apressou-se para casa e logo esqueceu o pobre sapo, que tinha de descer de volta ao seu poço. [...]

O aluno Val produziu a seguinte situação, cujo enunciado e resposta transcrevemos, mas deixamos os cálculos, por ele realizados, na mesma disposição da folha do caderno.

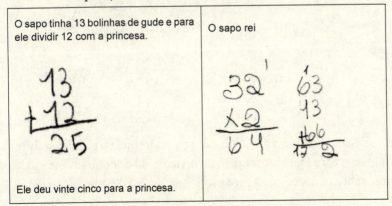

Numa primeira leitura do registro de Val nos perguntávamos sobre o significado do contexto por ele criado. No entanto, consideramos que o conto trabalhado em classe se referia a um diálogo do sapo com a princesa. Nessa perspectiva, no imaginário da criança, é possível que o sapo compre bolinhas de gude para a princesa.

O que nos chamou a atenção foi o fato de ele usar uma série de algoritmos, desprovidos de significados e desconectados do contexto por ele criado – contexto esse de divisão, mas o qual ele resolve por uma adição.

Esses registros, aliados aos do início do ano – em que os alunos escreveram sobre sua aprendizagem em matemática e evidenciaram o gosto por fazer contas –, deram à professora Brenda um diagnóstico de sua turma e sugeriram as intervenções que ela precisaria fazer.

Registros escolares ou algoritmos com compreensão?

Em um momento posterior, alguns registros já revelavam avanços dos alunos, sugerindo compreensão – do ponto de vista da matemática escolar – daquilo que fazem, como foi o caso do problema abaixo, elaborado pela aluna Bia, após o trabalho com o conto "João e Maria".

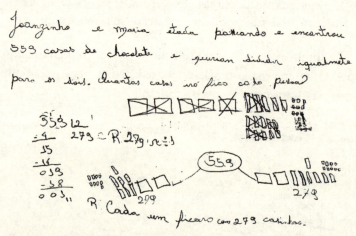

Nesse registro, a aluna Bia não apenas formula o problema corretamente, como também traz o uso do material dourado que faz parte da prática pedagógica da professora Brenda. No desenho do material, ela indica corretamente as distribuições e as trocas feitas. Mesmo esse material tendo sido introduzido apenas na 4ª série, constata-se que essa aluna, em particular, já produzia significados para a base 10 e para os procedimentos do algoritmo.

Um registro como esse pode provocar o questionamento de ser ele um registro escolar e de evidenciar uma possível perda do tempo do aluno em desenhar o material dourado. No entanto, defendemos que o aluno, ao proceder assim, revela compreensão tanto da ideia de repartição – uma das ideias da divisão – quanto da compreensão do algoritmo.

Defendemos, sem dúvida, que os algoritmos – como construção histórica – devem ser ensinados, e suas lógicas precisam ser compreendidas pelos alunos. No entanto, a prática do cálculo escrito, tal como acontece nas escolas, precisa ser questionada. Por que esses algoritmos e não outros?[13] Sem dúvida, como afirma Mendonça (1996), trata-se de uma pressão social pelo ensino dos algoritmos convencionais. Assim, algumas técnicas convencionais acabam se naturalizando e tornando-se necessárias no discurso pedagógico.

> Desse modo o resultado tem sido, desde muitos anos, o culto ao cálculo escrito, sempre orientado pelos modelos intitulados por convencionais, uma "camisa de força", que têm sufocado professores e alunos. Tudo acontece como se, para ser honesto e competente como pedagogo, para comunicar-se de forma adequada e para resolver os problemas mais imediatos, os professores das séries iniciais tivessem que jogar o jogo de ensinar os alunos a serem rápidos na resolução dos cálculos pelas técnicas convencionais, ou seja, fazer uso imediato de ferramentas aprovadas por um modo de produção sócio-historicamente controlado. (MENDONÇA, 1996, p. 73)

No entanto, mesmo com toda essa força que os algoritmos têm nas práticas pedagógicas das séries iniciais, aos poucos, outras práticas de cálculo vêm sendo introduzidas nas escolas. Atualmente já se fala muito em cálculo mental e cálculo aproximado.

---

[13] Nessa perspectiva, sugerimos a leitura da tese de Eliana da Silva Souza: *A prática social do cálculo escrito na formação de professores: a história como possibilidade de pensar questões do presente*, 2004, Faculdade de Educação/Unicamp.

Cálculo mental e cálculo por estimativa

Por cálculo mental, diferentemente do que propõem os PCN – "De forma simples, pode-se dizer que se calcula mentalmente quando se efetua uma operação, recorrendo-se a procedimentos confiáveis, sem os registros escritos e sem a utilização de instrumentos" (BRASIL, 1997, p. 117) –, não consideramos o cálculo rápido, feito de cabeça. Partilhamos da concepção de Parra (1996, p. 189), ou seja:

> Entenderemos cálculo mental o conjunto de procedimentos em que, uma vez analisados os dados a serem tratados, estes se articulam, sem recorrer a um algoritmo pré-estabelecido para obter resultados exatos ou aproximados.
>
> Os procedimentos de cálculo mental se apoiam nas propriedades do sistema de numeração decimal e nas propriedades das operações, e colocam em ação diferentes tipos de escrita numérica, assim como diferentes relações entre os números.

Assim, em contextos de cálculo mental, o aluno deve lançar mão de registros das estratégias intermediárias que foram utilizadas; portanto, o cálculo mental necessita do registro escrito e não exige habilidade de rapidez.

A autora distingue o cálculo automático ou mecânico – aquele que se refere à utilização de um algoritmo ou de um material, como a calculadora, por exemplo – do cálculo pensado ou refletido, o que ela denomina de cálculo mental. Ela apresenta quatro razões para que o cálculo mental seja ensinado nas séries iniciais:

– As aprendizagens no terreno do cálculo mental influem na capacidade de resolver problemas.

– O cálculo mental aumenta o conhecimento no campo numérico.

– O trabalho de cálculo mental habilita para uma maneira de construção do conhecimento que, a nosso entender, favorece uma melhor relação do aluno com a matemática.

– O trabalho de cálculo pensado deve ser acompanhado de um aumento progressivo do cálculo automático.

Dessa forma, trata-se de uma habilidade que deve ser ensinada desde as séries iniciais. A prática do cálculo mental, com análise das estratégias utilizadas, possibilita ao aluno a constituição de um repertório, além de possibilitar que alguns cálculos mais simples se tornem automáticos.

Independentemente da série em que a professora estiver atuando, se o aluno não tiver estratégias de cálculo mental, situações bem elementares podem ser propostas para desenvolver essa habilidade nos alunos.

Por exemplo, a professora Brenda iniciou o trabalho de cálculo mental com sua turma de 4ª série, em 2008, partindo de situações bastante simples, mas incentivando os alunos a perceber as regularidades de cada sequência dada, como destacado no registro:

Com poucas situações propostas, a professora Brenda foi percebendo que os alunos, diante de uma sequência, já buscavam pelas regularidades. Em uma delas, foi solicitado que eles encontrassem somas que fossem iguais a 40. Chamou-lhe a atenção o caso de duas duplas que buscaram uma regularidade muito parecida:

30 + 10 = 40	39 + 1 = 40
31 + 9 = 40	38 + 2 = 40
32 + 8 = 40	37 + 3 = 40
33 + 7 = 40	36 + 4 = 40
34 + 6 = 40	35 + 5 = 40
35 + 5 = 40	34 + 6 = 40
36 + 4 = 40	33 + 7 = 40
37 + 3 = 40	32 + 8 = 40
	31 + 9 = 40
	30 + 10 = 40

Em outros contextos, os alunos já lançavam mão de propriedades do sistema de numeração decimal, tal como defende Parra (1996), como destacado na estratégia utilizada pelos alunos Maya e Van:
a) 33 + 67 = 10 + 10 + 10 + 3 + 50 + 10 + 7 = 100
b) 49 + 26 = 10 + 10 + 10 + 10 + 9 +10 + 10 + 6 = 75
c) 54 + 30 = 10 + 10 + 10 + 10 + 10 + 4 + 10 + 10 + 10 = 84

Observa-se que esses alunos decompuseram as parcelas em dezenas exatas, de preferência 10 (talvez por ser essa uma estratégia bastante usual entre os alunos nessa faixa etária), e os números que não formam dezenas exatas foram somados diretamente.

Uma outra dupla (May e Wev) apresentou a seguinte estratégia para a mesma sequência:
a) 33 + 67 = 30 + 60 + 10 = 100
b) 49 + 26 = 40 + 20 + 15 = 75
c) 54 + 30 = 50 + 30 + 4 = 84

Ou seja, os alunos decompuseram as duas parcelas na dezena exata e somaram diretamente as quantidades relativas às unidades.

Esses exemplos ilustram o quanto os alunos avançam rapidamente em busca de estratégias interessantes para o cálculo mental, quando isso se torna uma prática em sala de aula.

Em suma, defendemos que a elaboração conceitual das quatro operações ocorra no movimento de resolução de problemas, cálculo mental, cálculo aproximado e cálculo escrito (com a utilização de algoritmos e materiais didáticos).

Um exemplo de cálculo por estimativa já foi apresentado anteriormente, no trabalho desenvolvido pela professora Brenda com a atividade relativa ao comprimento da cobra. Nela, as crianças fazem estimativas sobre esse comprimento, mediadas pelas intervenções da professora; um aspecto que nos chamou a atenção diz respeito à importância do contexto para o aluno Le – o qual acertou o comprimento da cobra.

A ênfase nos significados das operações

No capítulo 3, ao discutirmos os registros relativos à resolução de problemas, evidenciamos a importância do contexto para a produção de significados. Retomamos aqui o problema dos ingressos para o circo, discutido no item anterior. Diante da pergunta de um aluno, a professora Brenda propôs a reflexão:

Professora – A diferença é só essa?

Professora – Olha só, a prô vai desenhar os ingressos e o valor de casa um deles. Analisem o desenho.

| 12 reais | 12 reais | 12 reais | 12 reais |

Professora – então, veja, são 4 ingressos e cada um custa 12 reais. Então qual é a multiplicação: 4 x 12 ou 12 x 4?

Os dois produtos são iguais, ou seja, 12 x 4 = 4 x 12, mas os contextos não. Nesse tipo de intervenção a professora estava buscando a elaboração conceitual por parte dos alunos.

É muito frequente o trabalho reducionista com os significados das operações, em que não são exploradas todas as ideias de uma mesma operação, quais sejam:

– Adição: juntar, acrescentar e reunir.
– Subtração: subtrair/tirar, completar e comparar.
– Multiplicação: adição de parcelas iguais, disposição retangular e combinatória.
– Divisão: repartição em partes iguais ou divisão por cotas (ideia de medida, ou seja, quantos cabem).

É o trabalho intensivo com essas ideias que dará ao aluno a competência de resolver um problema por diferentes estratégias, pois há compreensão, há produção de significados; o aluno não fica na dependência de o professor dizer a ele qual operação deve ser usada. A matemática escolar passa a fazer sentido para o aluno, rompendo com a visão absolutista do certo e errado e assumindo a concepção de que essa disciplina possibilita explorar, pensar, descobrir, levantar hipóteses, confirmar essas hipóteses.

Em síntese, buscamos aqui apresentar pequenos fragmentos que pudessem ilustrar nossa compreensão sobre a produção de significados em sala de aula, embora o capítulo anterior já se tenha referido a essa vivência.

Não temos dúvidas de que uma prática pautada nesses princípios exige tempo. O fator tempo tem sido o maior inimigo da professora que deseja outra cultura de aula de matemática. No entanto, são escolhas que devem ser feitas: ou trabalhar muito conteúdo e cumprir um programa que pouco acrescenta ao desenvolvimento do aluno ou trabalhar menos conteúdo, mas garantir algumas competências matemáticas que possibilitarão ao aluno uma formação matemática cidadã e o envolvimento com uma genuína atividade matemática.

Reiteramos que, ao proceder assim, a professora sai da *zona de conforto* e entra na *zona de risco*, mas propicia que seus alunos matematizem.

Capítulo V

Possibilidades e desafios da interdisciplinaridade nas séries iniciais: a matemática e outras áreas do conhecimento

Nas últimas décadas o tema da interdisciplinaridade vem perpassando o discurso pedagógico dos professores. Destacaremos neste capítulo apenas algumas das possibilidades de que ela faça parte dos processos de ensino que ocorrem nas séries iniciais, ou seja, de um trabalho que integre diferentes áreas do conhecimento.

Pode-se dizer que a ideia de interdisciplinaridade perpassa a pedagogia de projetos – cuja prática é uma realidade na maioria das escolas. No caso específico do professor de matemática, o trabalho na perspectiva da *modelagem matemática* também se configura como uma possibilidade de um trabalho interdisciplinar.

Borba, Malheiros e Zulatto (2007, p. 100) aproximam a modelagem da pedagogia de projetos, pois, na concepção desses autores:

> A Modelagem Matemática [é] entendida por nós como uma estratégia pedagógica que privilegia a escolha de temas pelos alunos para serem investigados e que possibilita aos estudantes a compreensão de como conteúdos matemáticos abordados em sala de aula se relacionam às questões cotidianas.

Segundo os autores, tal aproximação depende da escolha – pelo professor, pelos alunos ou em comum acordo entre ambos – do problema a ser investigado, o qual é de natureza aberta, portanto rompe com a estrutura curricular. Trata-se de um campo de prática e de investigação que vem crescendo no Brasil, mas que, no nosso entender, está distante da realidade do professor das séries iniciais. Ele tem convivido mais com o trabalho com projetos, que podem ser desenvolvidos no coletivo da escola – e no caso das escolas públicas, em sua maioria, têm sido impostos pelas secretarias de educação – ou podem ser de responsabilidade do professor.

Traremos, para ilustrar algumas possibilidades de trabalho nessa perspectiva, três situações diferentes desenvolvidas pela professora Brenda.

As conexões entre a matemática e a literatura infantil

Os textos de literatura infantil podem ser uma alternativa metodológica para que os alunos compreendam a linguagem matemática neles contida, de maneira significativa, possibilitando o desenvolvimento das habilidades de leitura de textos literários diversos e de textos com linguagem matemática específica (SILVA; RÊGO, 2006, p. 208-209).

É importante propor esse tipo de atividade, para que, na medida do possível, os alunos encontrem, na diversidade dos textos apresentados, uma relação entre a leitura e os conteúdos matemáticos, o que não deixa de ser uma "situação-problema". Com isso, devem-se explorar as ideias matemáticas e a compreensão dos textos, ao mesmo tempo. Diante dessa ação, as habilidades podem ser desenvolvidas concomitantemente, enquanto os alunos leem, escrevem e discutem, pois nesse momento as ideias e os conceitos abordados por eles serão linguísticos e matemáticos.

Diversos autores têm investigado as potencialidades dessa conexão desde 2004; entre eles, Oliveira e Passos (2008, p. 318) destacam que a utilização de literatura infantil com apoio de livros paradidáticos não é recente. Na primeira metade do século XX, Monteiro Lobato escreveu a sua *Aritmética da Emília*, fazendo referência a outra obra bastante conhecida: *O homem que calculava*, de Malba Tahan, pseudônimo do matemático Júlio César de Mello e Souza. Dalcin (*apud* OLIVEIRA; PASSOS, 2008), que investigou a importância dos livros paradidáticos para o ensino da matemática no 3º e 4º ciclos do ensino fundamental, afirma que, através de obras literárias como essas se pode mostrar que "a matemática pode ser ensinada por meio de nossa capacidade imaginativa e criativa de contar histórias" (DALCIN, 2002, p. 15).

Além disso, a história possibilita que o aluno explore acontecimentos e lugares, estabeleça relações, identifique-se com as personagens, procure solucionar os desafios por elas propostos. Essa atividade pode ser enriquecida se os alunos puderem não apenas ler a história, mas conversar e escrever sobre ela e sobre as ideias matemáticas presentes. Dessa forma, podem desenvolver habilidades matemáticas e de linguagem simultaneamente.

É importante proporcionar aos alunos situações que os levem a perceber que é possível encontrar, num simples texto de literatura infantil, situações matemáticas. Quando conseguem compreender essa relação, seu interesse pela leitura aumenta; além disso, sentem-se estimulados. Por esse motivo, as atividades realizadas passam a ter maior significado, num processo que acaba por constituir um conhecimento contextualizado. Além disso, essa prática abre espaço para a comunicação nas aulas de matemática, até então caracterizadas pelo silêncio e pela realização de atividades que promovem o método mecânico de cálculos.

A professora Brenda trabalhou com estas duas versões para a fábula "A cigarra e a formiga", de Esopo e de La Fontaine, reescritas por Monteiro Lobato e publicadas em *Fábulas* (1922):

Versão 1 – de Esopo

A cigarra cantava no verão, enquanto a formiga passava os dias a guardar comida para o inverno.

Quando o inverno chegou, a cigarra não tinha o que comer e foi procurar a vizinha formiga.

– Formiga, por favor, ajude-me. Não tenho o que comer.

A formiga perguntou:

– Que é que você fez no verão? Não guardou nada?

– No verão eu cantava – respondeu a cigarra.

– Ah, cantava? Pois dance, agora!

Moral: Deve-se prever sempre o dia de amanhã.

Versão 2 – La Fontaine
(Adaptação)

Havia uma jovem cigarra que costumava cantar perto de um formigueiro. Só parava quando estava cansadinha e seu divertimento então era observar as formigas trabalhando para armazenar comida.

Quando o verão acabou veio o frio, todos os animais arrepiados passavam o dia nas tocas.

A cigarra, em seu galhinho seco, quase morta de frio e fome, decidiu pedir ajuda às formigas e, arrastando uma asa, lá se foi para o formigueiro. Bateu à porta e apareceu uma formiga gorda, embrulhada em um xale.

– Que quer? – perguntou, examinado a triste mendiga suja de lama e a tossir.

– Venho em busca de ajuda, o mau tempo não para, e eu...

A formiga olhou-a de alto a baixo.

– E o que fez durante o bom tempo, que não construiu sua casa?

A pobre cigarra, toda tremendo, respondeu depois dum acesso de tosse:

– Bem, eu cantava, sabe...

– Ah!... – exclamou a formiga, recordando-se.

– Era você então que cantava, enquanto nós trabalhávamos para armazenar comida?

– Isso mesmo, era eu...

– Pois entre, amiguinha! Nunca podemos esquecer as boas horas que seu canto nos proporcionou. Você nos distraía e aliviava o trabalho. Dizíamos sempre que era uma felicidade ter como vizinha uma tão gentil cantora! Entre, amiga, que aqui terá cama e mesa durante todo o mau tempo.

A cigarra entrou, sarou da tosse e voltou a ser a alegre cantora dos dias de sol.

Moral: Os artistas (poetas, pintores, músicos) são as cigarras da humanidade.

A proposta, além das questões relativas à interpretação de texto, solicitava que o aluno buscasse relações com conteúdos matemáticos e elaborasse uma situação-problema.

Por ter sido a primeira atividade dessa natureza trabalhada com a turma em 2006, os alunos não identificaram ideias matemáticas nos textos. No entanto, no processo de elaboração de situações-problema para o contexto, uma delas nos chamou a atenção. O aluno An elaborou a seguinte situação:

> A cigarra cantava e tocava viola. Quando uma viola quebrava ela comprava outra. Em uma semana ela quebro 3 violas. Quantas violas, em cinco semanas ela terá quebrado?

Esse aluno em seguida apresentou o algoritmo vertical 3 x 5 = 15 e deu como resposta: *"Ela terá quebrado 15 violas"*.

Esse caso nos chamou a atenção e tentamos identificar o que motivou o aluno a esse contexto. Constatamos que, para cada versão da fábula nas folhas impressas entregues pela professora Brenda, havia uma ilustração. Na primeira a cigarra, com uma aparência feliz, tocava um violino – que, provavelmente, o aluno interpretou como sendo uma viola – e na segunda o violino da cigarra encontrava-se no chão, e ela tinha uma aparência de cansada – o que provavelmente levou o aluno a imaginar que a viola estivesse quebrada.

Isso nos evidenciou o quanto o aluno busca interpretações diferentes para os contextos que são trabalhados em sala de aula. Não fosse essa elaboração, jamais prestaríamos atenção nos detalhes da ilustração dos textos.

O desenvolvimento de projetos nas séries iniciais

Trazemos novamente uma narrativa da professora Brenda, para exemplificar como um projeto pode ser pensado e desenvolvido nas séries iniciais. Como ocorreu no capítulo 1, novamente optamos por manter, na íntegra, a narrativa produzida a partir do trabalho realizado. Agora nossa intenção é que o leitor possa sentir o movimento pelo qual a professora passou, em que ela foi se sentindo capaz de correr riscos, como mencionado no capítulo 1 e como defendido por Shor e Freire (1986). Ela foi se transformando na protagonista principal desse contexto, ao buscar integrar conteúdos matemáticos com outras áreas do conhecimento.

Assim, não podemos deixar de citar Shor e Freire (1986, p. 18), que afirmam que o professor passa por dois momentos relacionados dialeticamente: o primeiro seria o da produção de um conhecimento novo, e o segundo, aquele em que ele percebe o conhecimento produzido. Referindo-se às qualidades da profissão docente, os autores dizem que "algumas dessas qualidades são, por exemplo, a ação, a reflexão crítica, a curiosidade, o questionamento exigente, a inquietação, a incerteza – todas essas virtudes – são indispensáveis ao sujeito cognoscente" (p. 18).

Narrativa do projeto "Os retirantes"

Este projeto surgiu de uma parceria com uma aluna da Pedagogia da USF, pesquisadora de iniciação científica – Simone –, também professora de teatro, que teve como objetivo, em sua pesquisa, observar a expressão corporal da professora dentro da sala de aula.

Todo o trabalho foi desenvolvido em uma escola da rede pública do interior de São Paulo, numa sala da 4ª série do ensino fundamental, no ano letivo de 2007.

A princípio a presença da Simone na sala objetivava apenas a observação dos movimentos da professora durante a aula, porém, a ideia de fazermos uma parceria e trabalharmos juntas num projeto aconteceu quando pedi a ela sugestões de como trabalhar releituras de obras de arte de maneira que fugisse das estratégias mais usuais: observar a tela, explorar as informações oralmente com os alunos e pedir para desenhá-la.

Como o planejamento da disciplina de história previa abordar, nas aulas, o assunto migração a partir da obra "Os retirantes", do artista Cândido Portinari, a Simone e eu nos unimos e montamos um projeto: "Projeto Retirantes".

Esse projeto teve como principal objetivo abordar numa perspectiva interdisciplinar os assuntos relacionados à obra e, para que conseguíssemos alcançar tal proposta, elaboramos um plano, estabelecendo, portanto, os conteúdos que seriam abordados sob esta perspectiva.

Língua Portuguesa	História	Geografia	Ciências	Matemática	Educação Física	Arte
• Biografia de Cândido Portinari. • Elaboração de relatórios. • Revisão de textos. • Produção de um texto para uma peça de teatro.	• Migração.	• Localização dos estados brasileiros e os principais problemas sociais de alguns deles.	• Doenças causadas pela falta de higiene e também pela fome.	• Confecção em papel, do tamanho original da obra de arte. • Elaboração de situações-problema. • Revisão das situações. • Dimensões de uma figura plana. • Perímetro.	• Expressão corporal.	• Dramatização.

Entre as muitas atividades realizadas com o estudo dessa obra de arte, relatarei apenas as atividades de abordagem matemática realizada com a turma.

Iniciamos a primeira aula apresentando aos alunos uma réplica em tamanho reduzido da obra "Os retirantes", de Cândido Portinari. Muitos comentários foram realizados; entre eles, o significado da informação, no canto da tela: 190 x 180 cm. Senti que era um momento propício para deixar que dessem suas opiniões a respeito deste questionamento; então, abri para discussão e surgiu deles que tal informação se referia ao tamanho do quadro. Neste instante, disse a eles que realmente as informações dadas por eles eram verdadeiras e que confeccionaríamos, utilizando folhas de papel pardo, o tamanho original da tela.

Para a confecção do painel, discutimos desde o número de folhas necessárias para sua construção, até quais objetos seriam necessários trazer para a sala de aula para medir o papel.

Durante as aulas procuro ter com os alunos o cuidado de deixá-los tranquilos, à vontade para falarem durante as aulas, ou seja, dou a eles oportunidade de se comunicar. Esta postura tem me mostrado o quanto as aulas se tornam ricas quando há participação ativa do grupo nas discussões. Quando damos oportunidade para se comunicar, seja com os colegas, seja com o professor, possibilitamos que explorem e organizem os seus pensamentos e os novos, e compreendam que existem diferentes pontos de vistas. Segundo Cândido (2001), a comunicação oral ajuda na percepção das diferenças, a convivência dos alunos entre si e o exercício de escutar um ao outro em uma aprendizagem coletiva; possibilita às crianças maior confiança em si mesmas, fazendo-as sentirem-se mais acolhidas e sem medo de se expor publicamente.

Ao propor esta atividade no planejamento, também pensei o quanto este recurso da visualização poderia proporcionar aos alunos um significado concreto para aprendizagem, já que comentar apenas sobre as dimensões da tela não garantiria que construiriam a imagem mental do tamanho real da obra; seria preciso manipular, para viabilizar a elaboração conceitual por parte do aluno, afinal "O estímulo visual (modelos concretos, desenhos dobraduras, imagens na tela do computador) é o meio que faz avançar o processo de construção de imagens mentais" (NACARATO; PASSOS, 2003, p. 78).

Ficou claro o interesse dos alunos pela atividade, quando, para o momento de construção, além de fita métrica e régua, um dos alunos se preocupou em levar para a sala de aula uma trena, o que gerou mais um bom tempo de conversa, já que alguns não tinham conhecimento de tal objeto. Então, dei oportunidade para que o mesmo aluno que havia trazido o objeto explicasse quais eram as ocasiões em que aquele objeto poderia ter utilidade.

Tamanha foi a surpresa quando terminamos a confecção do painel. Todos, inclusive eu, nos surpreendemos com o tamanho do quadro, o que gerou mais discussões ainda entre os alunos. Todos quiseram comentar a respeito da atividade e, por isso, achei pertinente solicitar um relatório da aula.

Para muitos professores, a produção de textos nas aulas de matemática não é uma atividade comum, porém o trabalho realizado nesta perspectiva, em minha prática pedagógica, mostrou-me que, através deste recurso, também é possível promover entre os alunos a comunicação nas aulas de matemática. O fato de escreverem auxilia-os a desenvolver uma habilidade muito importante nesta disciplina, a reflexão pessoal, além de aproximá-los de outras importantes habilidades do conhecimento: ler, ouvir, observar, questionar, interpretar e avaliar as suas próprias estratégias; que também os levam a reflexões. Um outro aspecto importante no trabalho com elaboração de textos é a produção de memória, pois através dos textos muitas discussões e comentários feitos pelos alunos não ficam perdidos na oralidade, apresentando-se para possíveis revisões e reflexões dos pensamentos. As citações, a seguir, referem-se a trechos das falas dos alunos retiradas dos relatos feitos depois da confecção do painel representando o tamanho original da obra "Os retirantes". Estes relatos nos mostram o quanto o pensamento dos alunos é rico e que esta reflexão só foi possível porque temos os registros.

A aluna Je fez o seguinte relato:

> "Para a gente poder fazer o tamanho original da obra 'Retirantes' do pintor Cândido Portinari precisamos ao todo de 15 carteiras e utilizamos trena e régua, fita crepe, lápis e tesoura. E você acredita que de altura foi 190 e de comprimento 180 cm. Foi legal e divertido. No final de tudo eu achei bárbaro nunca vi tão grande."

O aluno Ma relatou:

> "A professora fez o tamanho original baseado na informação do livro. Nós pegamos o papel pardo para fazer o quadro representativo. Nós medimos a folha de papel e deu 66 cm então a professora grudou até chegar no tamanho certo."

Durante o momento de construção do painel, outros conceitos foram abordados: comprimento, largura, perímetro, figura geométrica representada no painel, porém, sem a preocupação de registrar ou propor exercícios sobre tal conteúdo.

Além deste relatório, muitos outros foram solicitados. À medida que percebíamos que o conteúdo abordado gerava polêmica, pedia para que relatassem.

Aproveitei também os relatórios dos alunos para fazer revisões textuais, com o objetivo de que aprimorassem suas produções.

Outra estratégia usada durante o desenvolvimento do projeto foi a elaboração de situações-problema, que, quando solicitadas, deveriam estar contextualizadas com o projeto que estava sendo desenvolvido na sala de aula.

Sempre uma ou duas produções eram selecionadas para serem revisadas, porém nunca sem critérios, pois procurava selecionar aquelas de difícil entendimento, ou que não tivessem informações suficientes ao leitor, impossibilitando sua resolução.

Das muitas situações elaboradas, foram selecionadas duas para compor este relato: a do aluno Fe e a do aluno Cha. É importante lembrar que ambas não foram propostas durante as aulas, para revisões de textos.

O aluno Fe[14] elaborou e resolveu a seguinte situação:

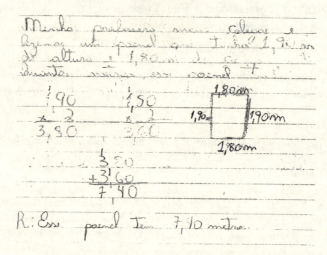

O aluno Cha propôs e solucionou a situação a seguir:

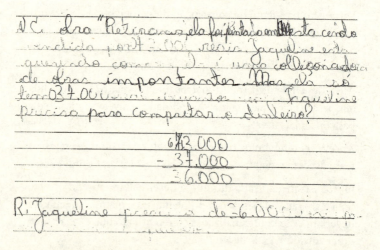

Ao analisarmos as duas situações-problema é possível perceber que ambos os alunos, ao elaborar a situação, fogem dos modelos de problemas convencionais, que geralmente são propostos na maioria das salas de aula. Isso se deve ao fato de que o trabalho com estes alunos durante um ano e meio se pautou numa perspectiva de elaboração e resolução de problemas a partir de

---

[14] Esta produção já foi analisada anteriormente, em outro contexto.

diferentes contextos, entre eles: situações do cotidiano, literatura infantil e situações puramente matemáticas, tomando a leitura e a escrita como elementos básicos à produção matemática, não deixando de valorizar os momentos de discussões entre os alunos e os de socialização das estratégias próprias.

Uma outra proposta de atividade que se tornou muito significativa para os alunos durante o desenvolvimento do projeto foi o desafio de usar o painel como cenário da peça de teatro que apresentariam como produto final do projeto.

Este desafio demandaria muita atenção dos alunos com a obra de Cândido Portinari; deveriam estar atentos aos detalhes para que o painel confeccionado também conseguisse transmitir emoção aos leitores. Aos alunos coube a responsabilidade de usar sucatas para fazer a representação da obra "Os retirantes". Várias aulas foram usadas para tal confecção e muitos foram os momentos em que nós, professoras, refletimos sobre o comportamento dos alunos, que era de total envolvimento. Nós duas também permanecemos envolvidas o tempo todo, mediando sempre que necessário para que tudo corresse bem. O empenho de todo o grupo resultou em um belo trabalho:

Obra "Retirantes" – Cândido Portinari. Desenho apresentado aos alunos.

Ao final de todo o projeto tivemos a oportunidade de levar estes alunos ao Masp (Museu de Arte de São Paulo), onde se encontra a obra original pintada pelo artista Cândido Portinari, "Os retirantes", tema do projeto. Os alunos puderam vê-la "ao vivo e a cores". Como era de se esperar, foi a tela que mais observaram durante a visita. Na verdade ficaram maravilhados, realmente emocionados, quando a viram. E nós, professoras, Simone e eu, que os acompanhamos durante o passeio, nos sentimos grandiosamente emocionadas e gratificadas por termos conseguido fazer do projeto algo tão significativo para esta turma de alunos. Realmente, é difícil descrever tamanha satisfação em termos proporcionado essa vivência aos alunos. Não esperávamos tamanha repercussão. Valeu a pena!

A narrativa de Brenda, por si só, já seria ilustrativa das ideias que aqui defendemos. Contudo, destacamos que essa narrativa traz elementos da história vivida por ela. Há que destacar ainda que a professora Brenda, ao explicar como foi propondo e realizando as diferentes tarefas do projeto, revela sistemas de crenças, emoções e concepções sobre a matemática e sobre a educação.

Observando a narrativa de Brenda, verificamos que as explicações estão incluídas no desenrolar das tarefas e na forma com que ela vai conduzindo o projeto. Essa forma de narrar revela processos metacognitivos que levam à aprendizagem dela mesma e revela também que ocorreu aprendizagem de seus alunos. As representações incluídas na explicação, como a descrição dos estudos extraclasse, as produções dos seus alunos, as fotos das obras de arte que compuseram o projeto podem ser consideradas tanto no seu aspecto físico como simbólico (Galvão, 1998), visto que nos possibilitam perceber o desenvolvimento de seu processo de tornar-se professora reflexiva e pesquisadora da própria prática. As reflexões incluídas na narrativa ajudam-nos a perceber as alterações na ação, que se fizeram necessárias mediante as exigências do contexto, bem como as opções que Brenda precisou fazer ao longo do projeto. Ao finalizar com o "Valeu a pena", ela nos ajuda a identificar a satisfação que teve com o processo pelo qual passou. Ressalta-se ainda que, embora seu enfoque tenha sido na abordagem matemática, o projeto possibilita aos professores/leitores deste livro a exploração de conceitos históricos, geográficos, artísticos, teatrais e linguísticos.

Integrando matemática e língua portuguesa

Elaboração e revisão de textos nas aulas de matemática

Abordar a escrita nas aulas de matemática ainda é, para muitos professores das séries iniciais, algo distante da prática pedagógica. É como quebrar um paradigma, uma convenção de uma cultura de aula, a qual até então tínhamos como referência. Torna-se, assim, um verdadeiro desafio.

Produzir textos nas aulas de matemática é desenvolver a habilidade de comunicação escrita, dividindo, assim, um espaço constantemente predominado pela comunicação oral. Apenas a oralidade não garante atingir os objetivos que traçamos em nossos planos de aula; por isso, partindo do desenvolvimento de outra habilidade de comunicação, é possível integrar duas disciplinas: língua portuguesa e matemática, de maneira significativa para os alunos. Trabalhar de forma interdisciplinar a matemática e a língua portuguesa nas séries iniciais pode tornar a aula muito mais rica e envolvente.

Assim, ao aluno é dada uma função para o texto que deverá produzir, pois ele deve ter ciência de que toda escrita pressupõe um leitor e que uma produção mal-elaborada pode levar o leitor ao não entendimento da mensagem que se deseja transmitir. Nesse sentido, o trabalho com elaboração de situações-problema tem grande importância nas aulas de matemática das séries iniciais.

Para ilustrar tal contexto, trazemos uma narrativa, também da professora Brenda, sobre a experiência em sala de aula na qual essa prática foi desenvolvida. Novamente, apresentamos – em dois momentos – outra de suas narrativas sobre a experiência em sala de aula.

> A escolha de abordar a elaboração de situações-problema nas aulas de matemática surgiu da defasagem que os alunos da 4ª série vinham apresentando nas atividades de resolução de situações-problema. Uma análise feita mostrou-me que a maior dificuldade estava em interpretar a situação e não em solucioná-la. Diante destas informações obtidas através das análises e reflexões, atividades de elaboração de situações-problema foram incorporadas ao planejamento do conteúdo de matemática, com o objetivo de possibilitar ao aluno a habilidade de ele próprio perceber através de suas produções, quais habilidades poderiam ser aprimoradas.
>
> Ao integrar esta prática dentro da sala de aula com estes alunos, meu objetivo foi mostrar que toda a escrita pressupõe um leitor e que o mesmo pode não conseguir interpretar uma mensagem, caso tenha sido mal elaborada.
>
> Objetivando este aspecto, numa das aulas solicitei que elaborassem uma situação-problema. A mesma deveria estar contextualizada com o texto "O sapo rei".[15] Como esta prática não tinha feito parte do modelo de aula de matemática até então tido por estes alunos, houve certa resistência e muitas dúvidas. Durante o desenvolvimento da atividade, ficavam me questionando como conseguiriam elaborar uma situação-problema e de qual jeito ela deveria ser. A princípio disse que a elaborassem da forma que quisessem, pois meu objetivo, neste momento, não era fazer mediações.

Ao analisarmos o início desta narrativa, aproximamo-nos da reflexão que Alrø e Skovsmose (2006) fazem sobre as aulas de matemática numa perspectiva de "absolutismo burocrático", o qual limita

---

[15] Um conto de fadas, de Jakob e Wilhelm Grimm. Este texto foi trabalhado na disciplina de língua portuguesa durante cerca de dois dias, tendo sido material também das aulas de matemática.

completamente o pensamento do aluno. A respeito desse estilo de aula, podemos dizer que se trata de uma prática em que o aluno participa passivamente do processo de aprendizagem e considera o professor como o único detentor do conhecimento. Uma aula pautada nessas ideias afasta dos alunos a possibilidade de se tornarem alunos criativos e acaba por inibir a sua manifestação, o que reforça a ideia de que não participam ativamente do processo e os impede de assumir qualquer responsabilidade pelo momento de aprendizagem.

A seguir apresentamos duas situações elaboradas pelos alunos de Brenda.

O trabalho com elaboração de situações-problema não se resume apenas à produção do texto. Esta atividade tem uma finalidade: possibilitar ao aluno a percepção do que é necessário aprimorar no texto já escrito, para que o leitor não tenha dúvida quando vier a fazer a leitura do mesmo. Nesta perspectiva, procurei, assim, dar aos alunos uma finalidade para esta atividade, solicitando uma revisão textual coletiva. Porém, é necessário destacar que a escolha do texto para a revisão, também foi feita a partir de critérios estabelecidos por mim. No caso da escolha do texto elaborado pelo aluno Ra, o principal objetivo foi abordar com os alunos que a elaboração não condiz com a resolução, havendo então, uma má elaboração e interpretação da situação. Vale a pena ressaltar que a proposta da revisão de texto não se pautou na valorização do erro, mas sim na construção da aprendizagem a partir dele, porém, com aspectos apenas positivos, já que nas propostas de revisões feitas coletivamente não foi revelado o nome do autor do texto, justamente, para que o mesmo não corresse o risco de ser prejulgado pelos demais colegas.

No momento em que o texto foi apresentado para os colegas, pedi para que lessem e analisassem se a resolução estava de acordo com a interpretação que haviam feito da situação. Diante deste questionamento, um dos alunos, o Dan, disse que a maneira como o texto havia sido escrito, não dava muito bem para saber como deveriam fazer para resolver. Naquele momento, propus uma revisão coletiva. Porém ao iniciar a reescrita da situação-problema na lousa, onde eu, professora, fui escriba, e os alunos, escritores, surgiu deles, que podiam reescrever este mesmo texto, duas vezes, sendo as duas maneiras, diferentes. Em meio a questionamentos fui reescrevendo na lousa e o resultado da revisão foi esse:

1ª revisão coletiva

O sapo vai comprar um computador de 900 reais e vai pagar em 15 vezes. Qual foi o preço do computador?

Resposta: 900 reais

2ª revisão coletiva

O sapo vai comprar um computador de 15 parcelas de 900 reais. Qual será o preço do computador?

15 x 900 = 13 500
Resposta: Será R$ 13.500,00

À medida que eu ia fazendo os questionamentos, os alunos foram percebendo que uma única situação estava nos possibilitando reescrever duas, ao invés de uma. Tomei o cuidado também de observar com eles a importância que um texto bem elaborado tem para o leitor, que assim sendo, consegue ler e interpretar o mesmo. A princípio pode parecer estranho a ideia de o aluno citar que o sapo iria comprar um computador, porém, podemos relacionar a criatividade deste aluno com o gênero literário abordado no texto, que é conto de fadas. Um outro aspecto que deve ser citado é que, na mesma semana, foram trabalhadas, com estes alunos, situações-problema que traziam em seu contexto situações de compra a prazo e à vista, o que, possivelmente, fez com que o aluno contextualizasse essa aula com a solicitação de uma produção de uma situação-problema.

Durante a revisão do texto, fui aos poucos dando uma função para a atividade desenvolvida, de maneira que os alunos percebessem um significado para as produções textuais realizadas.

É importante perceber que, nos momentos da aula relatada, a prática pedagógica adotada valoriza o diálogo entre o professor e o aluno. Dar aos alunos espaço para se colocar durante as aulas ajuda-os a se tornar mais seguros de si, uma habilidade indispensável para a disciplina de matemática, pois, quando o aluno tem confiança em se expressar e o faz sem medo de ser podado, a aprendizagem acontece de forma espontânea, sem pressões. O aluno sente-se à vontade para expressar sua maneira de pensar, possibilitando o aparecimento de diferentes estratégias de pensamento, o que significa uma riqueza muito grande nas aulas de matemática, até mesmo porque, nessa perspectiva, o aluno compreende que para uma mesma situação existem diferentes formas de resolução; é preciso, apenas, arriscar.

Ainda a revisão de texto de elaboração de problemas

Outro contexto trabalhado pela professora Brenda que integrava o uso de textos literários foi o conto "João e Maria". Ao final do trabalho foi proposta a elaboração de situações-problemas. Uma dessas situações foi escolhida para ser reformulada coletivamente. O objetivo da professora era trabalhar não apenas a correção textual, mas também a escrita simbólica dos valores monetários.

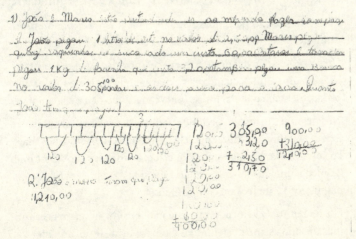

Após a revisão coletiva, essa mesma situação passou a ter o seguinte texto:

João e Maria, se não estivessem perdidos na floresta, pretendiam ir ao mercado fazer compras. João pegaria um litro de leite no valor de R$ 2,50 e Maria, quinze saquinhos de sucos a R$ 0,60 cada um e também 1 kg de farinha a R$ 3,20 e uma boneca no valor de R$ 30,50. Quantos reais pagariam se tivessem realizado esta compra?

A revisão de um texto de relatório

Quando a professora Brenda explorou a atividade da cobra – destacada anteriormente –, ela solicitou ao final do trabalho a produção de um relatório. Entre os relatórios produzidos ela também selecionou um para a revisão:

Primeiro a professora espricou tudo ontem.

Daí hoje a professora perguntou quanto que a coba media.

Daí a gente ficamos curioso falando para a professora contar logo, mas ela não contou e deixou todo mundo curioso.

Daí a professora contar quem acertou que o foi o lê que disse que a cobra medía 2,00 m.

Eu gostei muito da bincadeira pena que foi o le que acertou mas eu gostei muito da bincadeira espero bincar de novo. (aluno Ra)

O texto, após a revisão coletiva, passou a ter a seguinte escrita:

Para a realização de uma atividade, a professora explicou tudo ontem.

Hoje a professora, dando continuidade à atividade, perguntou para cada um dos alunos quanto eles achavam que era a medida da cobra apresentada por ela. Em seguida cada aluno deu a sua opinião.

Nós ficamos curiosos e pedimos para que a professora contasse e logo o tamanho da cobra, mas ela não contou, deixando-nos mais curiosos ainda. No momento planejado, a professora nos disse que o único aluno que havia acertado a medida da cobra era o Lê, cujo palpite fora 2 metros de comprimento.

Gostei muito da brincadeira, pena não ter sido eu quem acertou, mas mesmo assim, gostei muito e espero brincar novamente.

As experiências aqui relatadas evidenciam a possibilidade de um trabalho mais amplo, nas aulas de matemática, que inter-relaciona diferentes áreas do conhecimento e se mostra altamente favorável para o desenvolvimento de habilidades mais complexas. Ainda que tenhamos apenas nos referido a conteúdos matemáticos relacionados aos campos numéricos, consideramos que os contextos que possibilitaram a interdisciplinaridade poderiam ter sido ampliados, se se tivessem relacionado mais enfaticamente com os campos da medida, da geometria, do pensamento probabilístico; com o desenho geométrico; com o desenvolvimento do pensamento algébrico, etc. Cada uma dessas ampliações demandaria muito mais espaço que a proposta que trazemos neste capítulo. Assim, fica o convite para que o leitor/professor se aventure nessa perspectiva e arrisque, sem medo e com ousadia, como nos ensinou Paulo Freire.

Temos clareza, enfim, de que essa cultura de aula de Matemática se torna possível em turmas de séries iniciais, as quais trabalham com uma única professora, responsável por todas as disciplinas – professora polivalente.

Além disso, a professora Brenda contou com um contexto de formação que chamamos de *continuum* favorável para que ela pudesse adentrar nessa *zona de risco* e de insegurança que acompanha muitos professores.

PARTE III

PERSPECTIVAS PARA PRÁTICAS DE FORMAÇÃO E DE PESQUISA

> Como se o autor, ao escrever, propusesse ler a si mesmo, ler no livro da memória, mas soubesse, ao mesmo tempo, que essa leitura que se converte em escrita e essa escrita que transforma-se em leitura, está tecida de outros escritos, de outras leituras.
>
> LARROSA, 2006, p. 190

Capítulo VI

A formação matemática das professoras polivalentes: algumas perspectivas para práticas e investigações

Nos capítulos anteriores trouxemos algumas reflexões sobre os desafios postos à formação das professoras que atuam nas séries iniciais, pautando-nos numa retrospectiva curricular e sinalizando o quanto as transformações ocorridas nas práticas de ensino de matemática têm sido insuficientes para romper com a cultura de aula baseada no paradigma do exercício. Explicitamos nossas concepções sobre o ensino de matemática nesse nível de ensino e trouxemos episódios de sala de aula que evidenciam as potencialidades de uma prática investigativa, apoiada em ambientes de aprendizagem nos quais o diálogo e o trabalho compartilhado numa dinâmica de negociação e produção de significados ganham espaço e criam zonas de possibilidades de aprendizagem – tanto para estudantes quanto para professoras.

Ao finalizar este livro, queremos trazer algumas contribuições para um repensar sobre a formação – tanto a inicial quanto a continuada – dessas profissionais de educação. Para isso, vamos nos pautar na discussão de algumas práticas que consideramos potencializadoras do desenvolvimento profissional dessas professoras.

Inicialmente vamos explicitar o que entendemos por desenvolvimento profissional e por práticas de formação.

Os conceitos de formação e de desenvolvimento profissional têm aparecido com certa frequência na literatura sobre formação docente – ora como sinônimos, ora com significados diferentes. Ocorre que o conceito de formação tem sido associado aos modelos mais acadêmicos e tradicionais (tipo curso) e

> [...] indica um movimento externo ao objeto e que pressupõe a ação de alguém (formador) e de uma instituição sobre um objeto de formação – o futuro professor ou o professor em exercício. Nessa concepção de formação, quem assume o protagonismo da ação de formar é o formador, não o formando. (PASSOS *et al.*, 2006, p. 194)

O conceito de desenvolvimento profissional vem sendo utilizado no sentido de romper com essa concepção de formação e considerar a professora como protagonista – trata-se de um processo pessoal, múltiplo, histórico, mutável e inconcluso.

Há, assim, uma multiplicidade de fatores que interferem no desenvolvimento profissional docente. Sabemos que há contextos de formação que potencializam o desenvolvimento profissional e outros que quase ou nada contribuem. Entre os fatores favoráveis, destacamos: o trabalho compartilhado e colaborativo; as práticas investigativas; as práticas coletivas e as reflexivas; e a adoção de práticas de formação que possam desencadear a reflexão e, consequentemente, o desenvolvimento profissional.

Experiências têm sido divulgadas por pesquisadores brasileiros enfatizando que, quando os grupos de estudos assumem a dimensão colaborativa, eles potencializam os fatores acima destacados. Esses grupos podem ser institucionais ou não. Em Fiorentini (2004) encontramos alguns desses estudos na área da educação matemática.

Por "práticas de formação" entendemos os meios que podem contribuir para o processo reflexivo; consequentemente, para a formação docente. São situações que possibilitam à professora examinar, questionar e avaliar sua própria prática e a tornam capaz de analisar e enfrentar as situações do cotidiano da escola. São práticas que podem ser utilizadas em processos de formação tanto inicial quanto continuada.

Nosso foco, no presente capítulo, são nas práticas de formação. Destacaremos: as narrativas autobiográficas; as narrativas em educação matemática como práticas de formação e de investigação; a análise e a produção de casos de ensino; e a exploração e a produção de histórias infantis para a sala de aula. O enfoque será tanto para o campo das práticas de formação quanto para o campo da pesquisa educacional.

As narrativas (auto)biográficas como práticas de formação e de pesquisa

O trabalho com narrativas autobiográficas ou histórias de vida vem ganhando espaço nas pesquisas educacionais e situa-se no movimento da investigação-formação. Ao narrar, a professora busca o conhecimento de si mesma, a tomada de consciência de sua própria formação; estabelece relações com espaços, tempos, contextos que lhe foram marcantes durante a formação.

A escrita da narrativa possibilita à narradora o autoconhecimento em relação a sua aprendizagem – neste caso, da matemática – e provoca a reorganização das experiências; para o(a) formador(a), possibilita conhecer a produção das identidades das alunas e/ou professoras.

> As aprendizagens situadas em tempos e espaços determinados atravessam a vida dos sujeitos. O acesso ao modo como cada pessoa se forma, como a sua subjetividade é produzida, permite-nos conhecer a singularidade da sua história, o modo singular como age, reage e interage com os seus contextos. (OLIVEIRA, 2000, p. 15)

A reorganização das experiências e das lembranças de professores, que foram marcantes – por terem sido positivas ou negativas – na sua trajetória estudantil – constitui uma prática de formação. Diferentes autores têm discutido o quanto o(a) professor(a) é influenciado(a) por modelos de docentes com os quais conviveu durante a trajetória estudantil, ou seja, a formação profissional docente inicia-se nos primeiros anos de escolarização. Ao longo dessa trajetória, as professoras apropriam-se de uma cultura de aula e de uma tradição pedagógica que, na maioria das vezes, não são tomadas como objeto de reflexão. Muitos professores(as) trazem em suas narrativas lembranças de docentes que os influenciaram enquanto jovens estudantes, até mesmo na escolha da profissão.

Por exemplo, num curso de pedagogia, a produção de narrativas autobiográficas pelas futuras professoras (ou professoras em exercício) possibilita uma importante prática de formação, pois essas narrativas não apenas revelam as crenças dessas alunas/professoras com relação ao ensino e à aprendizagem de matemática e possibilitam identificar tendências didático-pedagógicas de uma determinada época, como também trazem marcas de um período histórico da educação matemática.

Mas como transformar a produção de narrativas em práticas de formação num curso de formação inicial? O que fazer a partir do conhecimento dessas alunas ou alunas-professoras, cujas trajetórias foram reconstruídas em suas narrativas (auto)biográficas? Como problematizar as práticas com as quais conviveram e trazer novas perspectivas para o ensino de matemática, compatíveis com as atuais tendências curriculares? Não há como desconsiderar que tais produções (auto)biográficas ocorrem numa disciplina na graduação, fazem parte de uma atividade pedagógica que é intencional e, portanto, têm um objetivo formativo.

Dessa forma, entendemos que se trata de uma prática de formação que pode ser explorada no início de um curso da graduação, para que o(a) formador(a) possa conhecer as alunas, suas trajetórias e as crenças que foram construídas ao longo da trajetória estudantil. Assim, tais narrativas precisam ser tomadas como ponto de partida do trabalho e, muitas vezes, significam a possibilidade de (des)construção de crenças e práticas relativas à matemática.

> Enquanto atividade formadora, a narrativa de si e das experiências vividas ao longo da vida caracterizam-se como processo de formação e de conhecimento, porque se ancora nos recursos experienciais engendrados nas marcas acumuladas das experiências construídas e de mudanças identitárias vividas pelos sujeitos em processo de formação e desenvolvimento. (SOUZA, 2006, p. 136)

Assim, se as experiências provocam mudanças identitárias, é possível, durante a formação inicial, conduzir essas alunas/professoras ao movimento de olhar para si mesmas, para sua formação, a partir de situações de reflexão e problematização dos contextos históricos e políticos nos quais elas foram se constituindo, colocando em discussão determinadas práticas e projetando-as para outras.

Em síntese:

– Como prática de formação, as narrativas (auto)biográficas podem ser utilizadas nos diferentes níveis de ensino. Por exemplo:

- A professora das séries iniciais pode solicitar a seus alunos que escrevam suas autobiografias e destaquem a relação que tiveram com a matemática. Esse instrumento possibilita que a professora conheça não apenas seus alunos como também as crenças que

estes trazem em relação a essa disciplina. Essa escrita também pode ser acompanhada de desenhos – como apresentado no capítulo 3, pelos alunos da professora Brenda;
- Os(as) professores(as) formadores(as) podem lançar mão de narrativas (auto)biográficas como forma de conhecer as trajetórias estudantis de futuros(as) professores(as) e, consequentemente, suas crenças, de forma que possam problematizá-las e buscar rupturas, quando necessário. Uma prática bastante comum nessa perspectiva é a produção de memoriais durante os cursos de graduação.

– Como prática de pesquisa, as narrativas (auto)biográficas vêm se constituindo numa linha de investigação bastante promissora no campo da formação docente – nacional e internacional. No Brasil há vários pesquisadores que se vêm destacando, e uma evidência dessa amplitude é o Congresso Internacional sobre Pesquisas (Auto) biográficas (CIPA), em sua terceira edição em 2008, além de uma vasta produção em livros e periódicos.

Destacamos o trabalho de doutorado de Melo (2008), que traz as narrativas (auto)biográficas como práticas de formação de alunos(as)-professores(as) de um curso de licenciatura em matemática, no Instituto Superior Presidente Kennedy (IFESP) em Natal (RN), voltado a docentes em exercício. Embora se refira a docentes especialistas, o trabalho evidencia, de um lado, as potencialidades da produção de memoriais para a formação docente; de outro, os caminhos metodológicos para a investigação nesse campo.

As narrativas em Educação Matemática como práticas de formação e de pesquisa

A produção de narrativas de aulas como prática de formação e de pesquisa, pautada em múltiplas vertentes, vem se ampliando no campo educacional. Por exemplo, no campo da história, os trabalhos de Walter Benjamin têm sido forte referência; se as narrativas estiverem relacionadas aos estudos da memória, a referência é Ecléa Bosi. No campo da psicologia social, destacam-se os trabalhos de Jerome Bruner; no domínio da filosofia destacam-se os trabalhos de Jorge Larrosa; no campo específico da formação docente, destacam-se os trabalhos de Michael Connelly e D. Jean Clandinin. No que diz respeito às narrativas produzidas por professores(as), já é possível identificar uma boa literatura nacional.[16]

Mas por que tomar as narrativas como práticas de formação e de pesquisa? Talvez essa iniciativa (ou "proposta") seja decorrente do fato de que toda professora é uma contadora de histórias, gosta de falar sobre sua sala de aula, seus alunos e suas experiências. Então, por que não aproveitar essas narrativas orais e transformá-las em narrativas escritas?

Ao produzir as narrativas escritas, as professoras podem tornar públicos seus saberes que, em primeira instância, são de jurisdição particular, mas, ao serem compartilhados, poderão contribuir para o debate com os pares, constituindo-se, assim, os saberes da ação pedagógica. Saberes esses provenientes da experiência da professora, mas validados pelas pesquisas e pelos pares. A narrativa constitui uma forma de validação desses saberes, pois ela passa a ser (com)partilhada, refletida, rejeitada ou apropriada pelos pares. Narrar pressupõe, assim, o outro. O outro, leitor; o outro, ouvinte. No processo de produção da narrativa, tanto a narradora quanto os(as) leitores(as) produzem reflexões sobre sua própria prática docente.

As narrativas de aulas, quando lidas por outros docentes – principalmente em cursos de graduação – são potencializadoras de processos reflexivos sobre a prática docente, permitindo a reconstrução de diferentes sentidos para a ação pedagógica (PRADO; DAMASCENO, 2007, p. 23). Talvez por isso os textos narrativos representem um tipo de leitura bastante apreciado por docentes em formação.

As narrativas trazem as identidades de suas produtoras. Tal como dizem Prado e Damasceno (2007, p 19), "a narrativa surge como uma estratégia/opção docente para socializar e divulgar as experiências acontecidas no âmbito docente, preservando a identidade do professor e da professora enquanto autores sociais de suas práticas". Além disso,

---

[16] Não gostaríamos de incorrer no erro de não citar todos os trabalhos já existentes. Mesmo assim, há duas referências que podem ser destacadas no que diz respeito à formação docente em geral: 1) o livro organizado por Guilherme de Val Toledo Prado e Isaura Soligo, *Por que escrever é fazer história*, de 2005, publicado pela Graf. Editora Unicamp; 2) o livro organizado por Adriana Varani, Cláudia Roberta Ferreira e Guilherme do Val Toledo Prado, *Narrativas docentes: trajetórias de trabalhos pedagógicos*, de 2007, publicado pela Mercado de Letras, Campinas (SP).

assumir a produção de narrativas como prática de formação significa reconhecer e valorizar as professoras como produtoras de saberes.

No ato de escrita da narrativa, a professora precisa não apenas lembrar-se dos fatos passados, como também construir um cenário, uma trama na qual a história se passa, seus personagens e suas ações. Tem também que pensar em quem será o leitor dessa história. Todo texto pressupõe um leitor. E mais: no momento da escrita há todo um processo de reflexão sobre a experiência a ser narrada. Esse é o momento em que se atribuem sentidos e significados ao que se faz. Por isso, a narrativa é a forma primária pela qual a experiência humana ganha significado. Ela possibilita organizar a experiência.

Um dos teóricos que têm influenciado o uso de narrativas é Jerome Bruner. Ele entende que a narrativa se ocupa

> com o material da ação e da intencionalidade humana. Ela intermedeia entre o mundo canônico da cultura e o mundo mais idiossincrático dos desejos, das crenças e esperanças. Ela torna o excepcional compreensível e mantém afastado o que é estranho, salvo quando o estranho é necessário como um tropo. Ela reitera as normas da sociedade sem ser didática. E [...] ela provê a base para uma retórica sem confronto. Ela pode até mesmo ensinar, conservar a memória, ou alterar o passado. (BRUNER, 1997, p. 52)

Assim, uma narrativa escrita, ao ser socializada com os pares, possibilita o compartilhamento de experiências e saberes, de compreensão da própria prática e de reconstrução de novas práticas.

Dessa forma, a narrativa de aulas pode ser usada com dupla função como prática de formação: como produção e/ou como leitura. No ato da produção, a professora organiza e reflete sobre sua prática docente, atribui sentidos e significados ao que faz, revela-se como produtora de conhecimentos. No ato da leitura, a aproximação com as histórias de colegas e a identificação de práticas comuns possibilitam reflexões sobre o próprio fazer docente.

Ao longo dos capítulos anteriores trouxemos algumas narrativas produzidas pela professora Brenda. Na sua produção ficaram evidentes tanto as reflexões que produziu ao sistematizar sua prática quanto o seu desenvolvimento profissional, ao revelar-se uma investigadora da própria prática. Narrativas como as que foram apresentadas podem constituir material de formação de outras professoras – as quais, com certeza, vão se identificar com os contextos descritos, os avanços dos alunos, as dificuldades da professora, a busca de soluções para as lacunas identificadas; enfim, como diz Bruner (1997), a riqueza da narrativa está na sua verossimilhança.

A narrativa também pode ser usada como prática de formação na educação básica. É possível solicitar aos alunos que produzam narrativas sobre uma determinada experiência. Muitas vezes, os relatórios produzidos por alunos constituem verdadeiras narrativas, principalmente se neles são incluídos os elementos constitutivos da narrativa, como o cenário, a trama, as personagens e as ações ocorridas.

No campo da pesquisa, em especial de educação matemática, o uso de narrativas também tem intensificado. Destacamos o trabalho de Freitas (2006) e Freitas e Fiorentini (2007; 2008). Em sua tese de doutorado, Freitas (2006) traz a discussão dos trabalhos de Clandinin e Connelly, os quais apontam ser a narrativa a melhor maneira de estudar e compreender a experiência, principalmente em contextos de colaboração entre pesquisador e participantes.

Freitas e Fiorentini (2007) destacam também a existência de duas modalidades de uso das narrativas: "as análises de narrativas" e "as análises narrativas". Enquanto a primeira modalidade se refere a investigações que tomam as narrativas como objeto de estudo e análise, a segunda é uma narrativa produzida pelo(a) pesquisador(a) a partir do material documentado durante a investigação (contextos, eventos, acontecimentos), ou seja, o produto da pesquisa é uma narrativa.

Embora se refira à formação de professores(as) especialistas, o trabalho de Freitas (2006) traz contribuições teórico-metodológicas para pesquisas cujo foco sejam as narrativas. No que se refere especificamente às professoras polivalentes, sugerimos a leitura da dissertação de Marquesin (2007).[17] Em sua pesquisa, a autora descreve como foi o processo de produção de narrativas de aulas de geometria

---

[17] Disponível em: <http://www.saofrancisco.edu.br/itatiba/mestrado/educacao>.

de professoras das séries iniciais, inseridas num grupo no interior da própria escola.[18]

Em síntese:

– Como prática de formação, as narrativas podem ser utilizadas nos diferentes níveis de ensino e em diferentes contextos de formação. Por exemplo:

- Em sala de aula da educação básica elas podem ser produzidas pelos alunos quando narram uma experiência vivenciada. Como em toda produção de textos (tal como destacado na parte II), a professora pode intervir de forma a possibilitar os avanços nas escritas dessas narrativas. Como a prática da escrita ainda é bastante incipiente nas aulas de matemática das séries iniciais, há pouca produção publicada nesse sentido. O livro de Powell e Bairral (2006) constitui um bom referencial teórico para a professora que ousar entrar na "zona de risco" e investir nessa abordagem.
- Em cursos de formação inicial essa abordagem vem sendo feita em diferentes disciplinas: tanto nos cursos de matemática quanto de pedagogia a produção e a leitura de narrativas se fazem mais presentes. Essas narrativas podem ser trabalhadas tanto em disciplinas específicas quanto nas de prática de ensino e estágio supervisionado. No caso específico da formação do(a) professor(a) especialista em matemática, o texto de Sandra Santos (2005) traz boas sugestões de como trabalhar com a escrita nas aulas dessa disciplina.
- Em programas de formação continuada e/ou em grupos de trabalho colaborativo esse tipo de produção é mais comum do que nas disciplinas destacadas anteriormente. A publicação que inclui esse material vem ganhando um espaço editorial e constitui material para a própria formação docente. Essas narrativas compõem o que a literatura vem denominando de "investigação da própria prática", pois, ao narrar suas experiências em sala de aula, as professoras precisam não apenas sistematizar o que foi produzido pelas crianças, mas também refletir sobre a sua própria prática – é a narrativa possibilitando a organização da experiência.

---

[18] Essas narrativas também são ricas em termos de sugestões de atividades de geometria para a sala de aula das séries iniciais.

– Como prática de pesquisa as narrativas vêm sendo utilizadas nas suas duas dimensões, conforme destacado anteriormente: "as análises de narrativas" e "as análises narrativas". A primeira delas é mais comum e tanto pode ser utilizada em trabalhos acadêmicos de dissertação e tese quanto por grupos de pesquisa – em especial, os grupos colaborativos constituídos por docentes da educação básica que realizam pesquisas em suas salas de aula. A investigação narrativa ou as "análises narrativas" são mais complexas, pois exigem tempo do(a) pesquisador(a) e, dessa forma, raramente podem ser produzidas numa pesquisa de mestrado. No entanto, podem ser utilizadas em grupos que realizam pesquisas colaborativamente. Os trabalhos de Freitas (2006) e Freitas e Fiorentini (2007, 2008), destacados anteriormente, são referências para o(a) pesquisador(a) em educação matemática que tem interesse nesse campo de investigação.

Análise e produção de casos de ensino

Nosso acesso aos casos de ensino como práticas de formação ocorreu através dos trabalhos de Lee Shulman, Isabel Alarcão e Maria da Graça N. Mizukami. As duas últimas autoras apoiam-se nos trabalhos do primeiro.

Infante, Silva e Alarcão (1996, p. 159) afirmam que "os casos podem ser exemplos de aspectos concretos da prática – descrições detalhadas de como ocorreu um evento – complementados com informação sobre o contexto, os pensamentos e os sentimentos". Os casos de ensino podem constituir ferramentas pedagógicas potencializadoras da reflexão sobre a prática e da produção de saberes docentes a partir da prática. Os casos estão ligados à ação e referem-se aos saberes contextualizados.

Há uma aproximação dos casos de ensino com as narrativas, uma vez que aqueles

> [...] possuem uma narrativa que ocorre em um tempo e num local específicos. Possuem, começo, meio e fim [...] São histórias onde se combinam descrições de acontecimentos, reflexões e conceitos teóricos que permitem fundamentar os episódios descritos. (NONO; MIZUKAMI, 2002, p. 145-146)

A diferença reside no fato de que um caso traz uma problematização de sala de aula e um conhecimento teórico subjacente a ele, deixando ao leitor as interpretações possíveis. "O texto elaborado deve permitir que o leitor possa interpretar como é que a história é contada e que sentido o professor dá aos conhecimentos" (INFANTE; SILVA; ALARCÃO, 1996, p. 159). Não é qualquer relato ou incidente que pode ser denominado de caso, segundo Lee Shulman. Infante, Silva e Alarcão (1996, p. 159) trazem o pensamento desse autor:

> Para que possa se chamar de caso, é preciso que se teorize – que se argumente que se trata de um caso "de algo" ou que é um exemplo de um tipo de casos mais vasto... Enquanto que os casos podem ser relatos de acontecimentos, são "casos" porque representam conhecimento teórico: ... um acontecimento pode ser descrito; um caso tem de ser explicado, interpretado, discutido, dissecado e reconstruído. Assim se pode concluir que não há nenhum conhecimento verdadeiro de caso sem a correspondente interpretação teórica.

Os casos de ensino podem ser utilizados em processos de formação tanto inicial quanto continuada. No caso da formação inicial, "ao analisar uma situação de ensino, o futuro professor recorre a seus conhecimentos acadêmicos, suas experiências prévias, seus sentimentos, podendo examinar sua validade frente à complexidade das situações de sala de aula" (NONO; MIZUKAMI, 2002, p. 146). Essa prática de formação é utilizada principalmente nos contextos de estágio, em que as futuras professoras podem se envolver em conhecimentos sobre a prática educativa. Como afirmam Amaral, Moreira e Ribeiro (1996, p. 108), o uso de casos (construção ou análise) de ensino tem três objetivos:

> 1. desenvolver o conhecimento teórico dos estagiários, porque os ajuda a ver através das "lentes" das diversas teorias anteriormente adquiridas; 2. orientá-los para um desenvolvimento epistemológico que integra o conhecimento científico e pessoal [...] 3. encorajar a aplicação desses conhecimentos teóricos à prática pedagógica num contexto de questionamento e reformulação sistemáticos.

Nacarato, Passos e Carvalho (2004) exploram um exemplo de um caso de ensino trabalhado com alunas do curso de Pedagogia.

Fora isso, constatamos a escassez desse tipo de trabalho na literatura em educação matemática, principalmente voltado às professoras polivalentes. Em Nacarato (2004) há essa discussão com relação a estudantes do curso de matemática.

Aplicados à formação continuada, os casos de ensino desencadeiam problematizações das práticas e reflexões sobre estas. Ao analisar um caso, a professora pode dar-se conta das similaridades dele com a sua própria prática, desestabilizando certezas e promovendo reflexões sobre essa prática; ao construir um caso, a professora não apenas traz os acontecimentos de uma aula (ou do cotidiano da escola) como também implicitamente traz os saberes mobilizados (ou não) para a sua resolução.

Assim, a riqueza pedagógica dos casos reside tanto na análise quanto na sua produção. No entanto, a construção de um caso não é tarefa tão simples, pois pressupõe que as professoras já tenham passado por experiências de análise de casos.

Em nossa disciplina de fundamentos e metodologia do ensino de matemática no curso de pedagogia, temos utilizado essa prática de formação. Inicialmente apresentamos às alunas vários casos para serem analisados – casos reais construídos por outras alunas/professoras ou simulados pela professora-formadora –, com vistas à discussão dos conteúdos e das metodologias que estão em discussão. Num segundo momento, as próprias alunas constroem os casos; algumas delas – aquelas que já estão em exercício – apresentam, para isso, situações que vivenciam com seus alunos na sala de aula; as futuras professoras constroem os casos a partir de experiências no estágio ou de seminários que são elaborados na disciplina. Tais seminários consistem de planejamento, execução e análise de uma aula em classe de educação infantil ou de séries iniciais do ensino fundamental. Muitos desses casos construídos durante a disciplina são utilizados com turmas posteriores.

Como, em momento algum deste livro, trouxemos casos de ensino, apresentamos um, produzido por uma aluna da pedagogia (USF) em 2005:

> Raquel é professora de educação infantil e leciona numa escola municipal na cidade de Jundiaí. Sua classe é de Pré (Grupo 5/6 anos), sendo composta por 27 alunos, e a maioria já tem seis anos completos.

Durante o decorrer do ano letivo, Raquel explorou com seus alunos o conteúdo de resolução de problemas. Como possuía vários materiais e jogos ilustrativos, sempre trabalhou com seus alunos de maneira lúdica e criativa. A cada dia estimulava mais cada criança a pensar e refletir em como poderiam resolver tais problemas, explorar suas estratégias e seu cálculo mental.

Um dia aplicou na sua classe um problema matemático que resultou num questionamento da professora. O problema era "aberto", ou seja, não precisava apresentar apenas uma resposta correta. Com isso lançou aos seus alunos o seguinte problema: "Este é um Cérbero (um animal com 3 cabeças). Um dia ele ficou com dor de cabeça e as suas três cabeças começaram a doer. Para cada cabeça, seria necessário tomar 3 comprimidos. Porém duas cabeças tomaram os comprimidos e uma ficou sem tomar. Quantos comprimidos havia no frasco?".

Quando Raquel leu esse problema aos seus alunos, relacionou esse animal com o do filme do Harry Potter. Com isso puderam compreender de uma maneira divertida e criativa, obtendo assim a participação dos alunos na explicação.

Quando a professora pediu para que pensassem e resolvessem quantos comprimidos havia no frasco, foi algo muito imediato, sendo que alguns alunos já responderam: "Ah! Tem 8 comprimidos!". E foram falando o porquê de terem chegado a essa conclusão. Raquel notou que conseguiram, sem nenhuma dificuldade, chegar a essa resposta, porém não conseguiram registrar. Conseguiam explicar falando, mas não pensaram que poderiam também escrever, desenhar, colocar números etc.

Com isso, após alguns alunos conseguirem fazer alguns registros usando desenhos e números, os outros também faziam igual para não deixar a atividade em branco. Depois que entregaram a atividade, a professora reuniu todos em roda e começaram a conversar sobre o problema. Raquel começou a questioná-los, perguntando se tinham achado difícil ou fácil, por que tinham chegado àquela resposta. Nisso um aluno perguntou como seria o problema se, ao invés de o Cérbero ter 3 cabeças, ele tivesse 4. Ou se tivessem 9 comprimidos no frasco?

Foi nesse momento que Raquel notou que eles poderiam ir além do problema e deixou que eles resolvessem. Como será que eles chegariam a tal resposta? Quais meios utilizariam?

Raquel também refletiu sobre a importância de trabalhar o registro com as crianças, mesmo com o cálculo mental. Ensiná-los a expressar e escrever como chegaram à resposta. (Cib, 2005)

Nesse caso, inicialmente a aluna descreve o contexto (nível de ensino, série, idade dos alunos); em seguida, alguns elementos da prática da professora (trabalha com resolução de problemas, jogos, ênfase na ludicidade, a conversa na roda) e a atividade que havia sido foco do seminário: a resolução de problemas. Ao construir esse caso, essa aluna traz implícitos os conhecimentos que estavam em circulação durante a disciplina: a resolução de problemas, problemas do tipo "aberto", o registro e o cálculo mental. Finaliza o caso, trazendo as reflexões que a professora produziu a partir dessa atividade.

Em síntese:

– Os casos podem ser utilizados como práticas de formação (inicial ou continuada) porque possibilitam a mobilização e a produção de conhecimentos teóricos e práticos, bem como valores e concepções – por parte tanto de quem analisa, quanto de quem constrói o caso.

– Como práticas de investigação, podem-se analisar os saberes que são mobilizados e produzidos por professores(as) quando analisam e/ou constroem casos de ensino, tanto individualmente quanto em grupos de formação e/ou grupos de trabalho coletivo/colaborativo.

Exploração e produção de histórias infantis para a sala de aula

Como mencionamos anteriormente, em nossa prática docente como formadoras de professores das séries iniciais, buscamos estratégias de formação que minimizem a aversão de professoras à matemática. Consideramos que uma opção metodológica promissora é trabalhar de forma integrada conteúdos de narrativas infantis e conteúdos matemáticos, para favorecer a aprendizagem de noções e conceitos específicos, bem como o exercício da expressão pessoal e criativa dos alunos do ensino fundamental.

O leitor pôde verificar, ao longo deste livro, que a utilização de narrativas como estratégia de formação se revela um importante aliado para a superação das dificuldades – relativas à matemática e associadas à linguagem e à escrita. O uso de narrativas permite aproximar o texto escolar das experiências cotidianas, nas quais as histórias oferecem a chave de interpretação para diferentes situações com diversas finalidades: cognitivas, sociais, estéticas, etc.

Uma proposta metodológica que trazemos para a formação de professores amplia essa perspectiva. Propomos que os professores, em exercício e/ou em formação, construam histórias infantis para ensinar conteúdos matemáticos.

Não se trata simplesmente de reescrever uma história. Para escrever um livro infantil com conteúdos matemáticos, há que ter cuidados teóricos e metodológicos, que precisam ser considerados no momento dessa produção. Nesse processo, saberes profissionais são revelados. Conteúdos matemáticos são revisitados e reconceituados, pois depende disso a abordagem que precisa ser dada ao livro que se pretende escrever.

Costumamos iniciar nossa proposta[19] pelo levantamento bibliográfico de produções literárias infantis e pelo aprofundamento teórico sobre leitura e matemática. O momento de eleger um conteúdo matemático para compor a história precisa ser adequado para a série ou o ano em que se pretende desenvolver a atividade. É fundamental que ocorra troca de informações entre professores experientes e professores em início de carreira. Sugestões sobre as temáticas que o livro conterá ocorrem, geralmente, a partir dessa troca. O enredo precisa ser coerente e adequado para os alunos/leitores. As personagens da história precisam ser reconhecidas ou possíveis de pertencer ao imaginário dos leitores. Pode-se perceber que não se trata de uma proposta simples. Há necessidade de adequação da linguagem e do conteúdo matemático. Não podemos nos esquecer de que, em toda obra literária para crianças, a ilustração e a apresentação do livro são igualmente importantes.

Em Oliveira e Passos (2008, p. 317) são discutidas preocupações decorrentes da complexidade da docência. As autoras assim se posicionam: "não podemos cair no engodo das soluções milagrosas. A utilização – ou construção – de material pedagógico não pode ser ancorada em uma concepção simplista na qual a formação desse profissional seja substituída por – ou se dê via – 'kits' pedagógicos".

Esse processo de construção de histórias infantis para ensinar matemática vem se repetindo a cada ano, desde 2004, por uma das

---

[19] Outras informações sobre essa proposta podem ser obtidas em Oliveira; Passos (2008).

autoras deste livro (Cármen Passos), em parceria com uma professora da área de formação de professores. Assim, ao longo de um semestre, os participantes da atividade – professores em formação – produzem livros infantis para ensinar matemática e, no semestre seguinte, essas produções são utilizadas como um dos recursos didáticos para ensinar matemática em contextos escolares.

Os estudos e as investigações dessas autoras permitem-nos dizer que essa prática de formação traz resultados muito satisfatórios para a aprendizagem matemática dos estudantes das séries iniciais e para a formação inicial e/ou continuada de professores(as). O depoimento de uma das professoras que participou desse processo de formação e de prática:

> Eu aprendi uma coisa nova que eu não sabia, que a gente podia escrever textos em matemática. A gente tem mania de departamentar os assuntos, não sei se é por causa do livro didático [...] percebi sem prova [avaliação] o que eles sabiam ou não, este modo enriqueceu muito. (Professora das séries iniciais)

Além disso, tal prática tem se mostrado como um fértil campo de pesquisa na área da educação e da educação matemática (SOUZA, A. P. G., 2008; SOUZA, R. D., 2008).

Desafios, limites... uma finalização necessária

Ao longo dos capítulos que compõem este livro trouxemos nossas experiências e utopias com relação à matemática escolar nas séries iniciais e à formação da professora que atua nesse nível de ensino, numa tecedura de fios entre o desafio de aprender e de ensinar. Entrelaçamos nossas vozes com as vozes de alunos(as), professoras e de autores(as)/formadores(as). Trouxemos propostas para a sala de aula, para a formação docente e para o campo da pesquisa. No entanto, temos certeza de que ainda há muito por dizer. Este livro constitui um pequeno pedaço de uma rede que precisa ainda de muitos fios para ser tecida – se é que é possível chegar ao seu término.

No que diz respeito à matemática escolar, temos certeza de que temas e metodologias fundamentais – como análise de dados, grandezas e medidas, geometria, uso de tecnologias – não foram abordados.

Mas, como explicitado anteriormente, nossa ênfase foi na ação de fazer matemática em sala de aula e, embora a aritmética tenha sido privilegiada, as práticas analisadas podem ser utilizadas em diferentes contextos de sala de aula – matemáticos ou não.

Quanto à formação docente das professoras polivalentes, não abordamos práticas importantes, como a pesquisa-ação ou a investigação da própria prática, mas, ao trazermos a prática da professora Brenda, pensamos ter evidenciado essa modalidade de investigação.

Acreditamos que algumas publicações citadas nos diferentes capítulos possam contribuir para esta discussão, preenchendo algumas lacunas no campo tanto da prática da matemática escolar quanto da formação docente.

Outro aspecto a que também não fizemos referência foi quanto ao lócus de formação docente. Temos defendido a importância da formação continuada na própria escola. Isso porque o grupo de docentes que atua numa mesma escola convive com a mesma cultura da escola e com a cultura de origem dos alunos, o que favorece uma reflexão compartilhada e a busca de soluções para os problemas específicos desse contexto. Contudo, defendemos também que essa não é a única modalidade de formação continuada possível. A constituição de grupos em parceria com professores(as) da universidade também compõe um movimento muito interessante de compartilhamento de ideias e práticas em Educação Matemática.

Quanto à formação inicial, embora os cursos de Pedagogia contenham uma reduzida carga horária para a formação matemática específica, é possível nesses pequenos espaços possibilitar momentos de reflexão e análise de contextos educacionais – seja por meio de narrativas (auto)biográficas, as quais são compartilhadas e problematizadas, seja por meio da análise e da produção de casos de ensino.

Nossa expectativa é de que as ideias aqui apresentadas e discutidas possam contribuir para o trabalho de professoras em formação e/ou em exercício, de formadores(as) de professores(as) e de pesquisadores(as) na área. Que nossas ideias possam ser discutidas, refutadas ou complementadas por profissionais preocupado(a)s e comprometido(a)s com a formação matemática das professoras polivalentes. Afinal, necessitamos de mais fios para compor esta rede!

Referências

ABRANTES, P.; SERRAZINA, L.; OLIVEIRA, I. *A matemática na educação básica: reflexão participada sobre os currículos do ensino básico*. Lisboa: Ministério da Educação/Departamento da Educação Básica, 1999.

ALRØ, H.; SKOVSMOSE, O. *Diálogo e aprendizagem em educação matemática*. Belo Horizonte: Autêntica, 2006. (Coleção Tendências em Educação Matemática.)

AMARAL, M. J.; MOREIRA, M. A.; RIBEIRO, D. O papel do supervisor no desenvolvimento do professor reflexivo: estratégias de formação. In: ALARCÃO, I. (Org.). *Formação reflexiva de professores: estratégias de supervisão*. Portugal: Porto, 1996. p. 89-122.

BOAVIDA, A. M. R. *A argumentação em matemática: investigando o trabalho de duas professoras em contexto de colaboração*. 747f. Tese (Doutorado em Educação) – Departamento de Educação da Faculdade de Ciências, Universidade de Lisboa, 2005.

BORBA, M. C.; MALHEIROS, A. P. S.; ZULATTO, R. B. A. *Educação a distância on-line*. Belo Horizonte: Autêntica, 2007. (Coleção Tendências em Educação Matemática.)

BORBA, M. C.; PENTEADO, M. G. *Informática e educação matemática*. Belo Horizonte: Autêntica, 2001. (Coleção Tendências em Educação Matemática.)

BORBA, M. C.; SKOVSMOSE, O. A ideologia da certeza em Educação Matemática. In: SKOVSMOSE, O. *Educação Matemática crítica*. Campinas, SP: Papirus, 2001. p. 127-148. (Coleção Perspectivas em Educação Matemática. SBEM.)

BRANCA, N. A. Resolução de problemas como meta, processos e habilidade básica. In: KRULIK, S.; REYS, R. E. *A resolução de problemas na matemática escolar*. Tradução de Hygino H. Domingues e Olga Corbo. São Paulo: Atual, 1997. p. 5-12.

BRASIL. Ministério da Educação. *Lei de Diretrizes e Bases da Educação Nacional*. (Lei nº 9.394, de 20 de dezembro de 1996.) Brasília: MEC, 1996.

BRASIL. Secretaria de Educação Fundamental. *Parâmetros curriculares nacionais*. Matemática. Volume 3. Brasília, SEF, 1997.

Referências

BRUNER, J. *Atos de significação*. Porto Alegre: Artes Médicas, 1997.

CÂNDIDO, P. Comunicação em matemática. In: SMOLE, K. C. S.; DINIZ, M. I. S. V. *Ler, escrever e resolver problemas: habilidades básicas para aprender matemática*. Porto Alegre: Artmed, 2001. p. 15-28.

CARVALHO, J. B. P. As propostas curriculares de Matemática. In: BARRETTO, E. S. S. (Org.). *Os currículos do ensino fundamental para as escolas brasileiras*. 2. ed. Campinas, SP: Autores Associados; São Paulo: Fundação Carlos Chagas, 2000. p. 91-125.

CHACÓN, I. M.G. *Matemática emocional: os afetos na aprendizagem matemática*. Tradução de Daisy Vaz de Moraes. Porto Alegre: Artmed, 2003.

CHARLOT, B. *Relação com o saber, formação dos professores e globalização: questões para a educação hoje*. Porto Alegre: Artmed, 2005.

CHICA, C. H. Por que formular problemas? In: SMOLE, K. C. S.; DINIZ, M. I. S. V. *Ler, escrever e resolver problemas: habilidades básicas para aprender matemática*. Porto Alegre: Artmed, 2001. p. 151-173.

COLINVAUX, D. Aprendizagem e construção/constituição de conhecimento: reflexões teórico-metodológicas. *Pro-Posições*, Campinas, SP: Faculdade de Educação, v. 18, n. 3(54), p. 29-51, set./dez. 2007.

CURI, E. *A Matemática e os professores dos anos iniciais*. São Paulo: Musa, 2005.

CURY, H. N. *Análise de erros: o que podemos aprender com as respostas dos alunos*. Belo Horizonte: Autêntica, 2007. (Coleção Tendências em Educação Matemática.)

DALCIN, A. *Um olhar sobre o paradidático de matemática*. 162 p. Dissertação (Mestrado em Educação Matemática) – Faculdade de Educação, Unicamp, Campinas, 2002.

FIORENTINI, D. Pesquisa práticas colaborativas ou pesquisar colaborativamente?. In: BORBA, M. C.; ARAÚJO, J. L. (Orgs.). *Pesquisa qualitativa em Educação Matemática*. Belo Horizonte: Autêntica, 2004. (Coleção Tendências em Educação Matemática.)

FREIRE, P. *Educação como prática de liberdade*. Rio de Janeiro: Paz e Terra, 1965.

FREIRE, P. *Pedagogia da autonomia: saberes necessários à prática educativa*. 28. ed. Rio de Janeiro: Paz e Terra, 1996.

FREIRE, P. (1970) *Pedagogia do oprimido*. 17. ed. Rio de Janeiro: Paz e Terra, 1987.

FREITAS, M. T. M. *A escrita no processo de formação contínua do professor de matemática*. 300f. Tese (Doutorado em Educação Matemática) – Faculdade de Educação, Unicamp, Campinas, 2006.

FREITAS, M. T. M.; FIORENTINI, D. As possibilidades formativas e investigativas da narrativa em educação matemática. *Horizontes*, Bragança Paulista, SP, v. 25, n. 1, p. 63-71, jan./jun. 2007.

FREITAS, M. T. M.; FIORENTINI, D. Desafios e potencialidades da escrita na formação docente em matemática. *Revista Brasileira de Educação*, Rio de Janeiro: Anped, v. 13, n. 37, p. 138-149, jan./abr. 2008.

GALVÃO, C. *Professor: o início da prática profissional.* 716f. Dissertação (Doutorado em Educação) – Faculdade de Ciências de Lisboa, 1998.

GÓMEZ-GRANELL, C. Rumo a uma epistemologia do conhecimento escolar: o caso da educação matemática. In: RODRIGO, M. J.; ARNAY, J. (Orgs.). *Domínios do conhecimento, prática educativa e formação de professores.* São Paulo: Ática, 1997. p. 15-41.

GWINNER, P. *"Pobremas": enigmas matemáticos.* v. 1, 2 e 3. 2. ed. Petrópolis: Vozes, 1992.

IMENES, L. M. *Novo Tempo.* Matemática. 3ª série. Luiz Márcio Imenes, José Jabubovic, Marecelo Lellis. São Paulo: Scipione, 2001. (Coleção Novo Tempo.)

INFANTE, M. J.; SILVA, M. S.; ALARCÃO, I. Descrição e análise interpretativa de episódios de ensino: os casos como estratégia de supervisão reflexiva. In: ALARCÃO, I. (Org.). *Formação reflexiva de professores: estratégias de supervisão.* Portugal: Porto, 1996. p. 151-169.

LARROSA, J. Ensaio, diário e poema como variantes da autobiografia: a propósito de um "poema de formação" de Andrés Sánchez Robayna. In: SOUZA, E. C.; ABRAHÃO, M. H. M. B. (Orgs.). *Tempos, narrativas e ficções: a invenção de si.* Porto Alegre: EDIPUCRS, 2006. p. 183-202.

MARQUESIN, D. F. B. *Práticas compartilhadas e a produção de narrativas sobre aulas de geometria: o processo de desenvolvimento profissional de professores que ensinam matemática.* 242f. Dissertação (Mestrado em Educação) – Programa de Pós-Graduação Stricto Sensu em Educação, Universidade São Francisco, Itatiba, 2007.

MELO, M. J. M. D. *Tornar-se professor de Matemática: olhares sobre a formação.* 327f. Tese (Doutorado em Educação) – Programa de Pós-Graduação em Educação do Centro de Ciências Sociais Aplicadas, Universidade Federal do Rio Grande do Norte, Natal, RN, 2008.

MENDONÇA, M. C. D. A intensidade dos algoritmos nas séries iniciais: uma imposição sócio-histórico-estrutural ou uma opção valiosa? *Zetetiké*, Campinas, SP: Faculdade de Educação/Cempem/Unicamp, v. 4, n. 5, p. 55-76, jan./jun. 1996.

MOREIRA, P. C.; DAVID, M. M. M. S. *A formação matemática do professor: Licenciatura e prática docente escolar.* Belo Horizonte: Autêntica, 2007. (Coleção Tendências em Educação Matemática.)

NACARATO, A. M. A produção de saberes sobre a docência: quando licenciandos em matemática discutem e refletem sobre experiências de professores em exercício. In: ROMANOWSKI, J. P.; MARTINS, P. L. O.; JUNQUEIRA, S. R. A. (Orgs.). *Conhecimento local e conhecimento universal: práticas sociais: aulas, saberes e políticas.* Curitiba: Champagnat, 2004. p. 193-206.

NACARATO, A. M.; PASSOS, C. L. B. *A Geometria nas séries iniciais: Uma análise sob a perspectiva da prática pedagógica e da formação de professores.* São Carlos: EdUFSCar, 2003.

Referências

NACARATO, A. M.; PASSOS, C. L. B.; CARVALHO, D. L. Os graduandos em pedagogia e suas filosofias pessoais frente à matemática e seu ensino. *Zetetiké*, Unicamp/ Faculdade de Educação, CEMPEM. v. 12, n. 21, p. 9-33, jan./jun. 2004.

NONO, M. A.; MIZUKAMI, M. G. N. Formando professoras no ensino médio por meio de casos de ensino. In: MIZUKAMI, M. G. N.; REALI, A. M. M. R. (Orgs.). *Aprendizagem profissional da docência: saberes, contextos e práticas*. São Carlos: EdUFSCar, 2002. p. 139-159.

OLIVEIRA, R. M. M. A.; PASSOS, C. L. B. Promovendo o desenvolvimento profissional na formação de professores: a produção de histórias infantis com conteúdo matemático. In: *Ciência & Educação*, v. 14, n. 2, p. 313-328, 2008.

OLIVEIRA, V. F. A formação de professores revisita os repertórios guardados na memória. In: OLIVEIRA, V. F. (Org.). *Imagens de professores: significações do trabalho docente*. Ijuí: Unijuí, 2000. p. 11-23.

ONUCHIC, L. R.; ALLEVATO, N. S. G. Novas reflexões sobre o ensino-aprendizagem de matemática através da resolução de problemas. In: BICUDO, M. A. V.; BORBA, M. C. (Orgs.). *Educação matemática: pesquisa em movimento*. São Paulo: Cortez, 2004. p. 213-231.

PARRA, C. Cálculo mental na escola primária. In PARRA, C.; SAIZ, I. *Didática da matemática: reflexões psicopedagógicas*. Porto Alegre: Artes Médicas, 1996. p. 186-235.

PASSOS, C. L. B. *As Representações Matemáticas dos Alunos do Curso de Magistério e suas Possíveis Transformações: Uma Dimensão Axiológica*. 239f. Dissertação (Mestrado em Educação) – Faculdade de Educação, UNICAMP, Campinas, 1995.

PASSOS, C. L. B. et al. Desenvolvimento profissional do professor que ensina Matemática. *Quadrante*, Portugal: APM, v. XV, n. 1 e 2, p. 193-219, 2006.

PENTEADO, M. G. Redes de trabalho: expansão das possibilidades da informática na Educação Matemática da escola básica. In: BICUDO, M. A.V.; BORBA, M. C. (Orgs.). *Educação matemática: pesquisa em movimento*. São Paulo: Cortez, 2004. p. 283-295.

PIRES, C. M. Carolino. *Currículos de Matemática: da organização linear à ideia de rede*. São Paulo: FTD, 2000.

POWELL, A.; BAIRRAL, M. *A escrita e o pensamento matemático: interações e potencialidades*. Campinas, SP: Papirus, 2006. (Coleção Perspectivas em Educação Matemática. SBEM.)

PRADO, G. V. T.; DAMASCENO, E. A. Saberes docentes: narrativas em destaque. In: VARANI, A.; FERREIRA, C. R.; PRADO, G. V. T. (Orgs.). *Narrativas docentes: trajetórias de trabalhos pedagógicos*. Campinas, SP: Mercado de Letras, 2007. p. 15-27.

PRADO, G. V. T.; SOLIGO, R. (Orgs.). *Porque escrever é fazer história*. Campinas, SP: Graf. FE, Unicamp, 2005.

REGO, T. C.. *Vygotsky: uma perspectiva histórico-cultural da educação*. 16. ed. Petrópolis: Vozes, 2004.

SANTOS, S. A. Explorações da linguagem escrita nas aulas de Matemática. In: NACARATO, A. M.; LOPES, C. E. (Orgs.). *Leituras e Escritas na Educação Matemática*. Belo Horizonte: Autêntica, 2005. p. 127-141.

SANTOS, V. M. Linguagens e comunicação na aula de Matemática. In: NACARATO, A. M.; LOPES, C. E. (Orgs.). *Leituras e Escritas na Educação Matemática*. Belo Horizonte: Autêntica, 2005. p. 117-125.

SÃO PAULO (Estado). Secretaria da Educação. *Expectativas de aprendizagem – Matemática*. Disponível em:<http://www.rededosaber.sp.gov.br>. Acesso em: ago. 2008.

SÃO PAULO (Estado). Secretaria da Educação. *Proposta Curricular do Estado de São Paulo*. São Paulo: 2008. Disponível em: <http://www.rededosaber.sp.gov.br>. Acesso em: jul. 2008.

SHOR, I.; FREIRE, P. *Medo e ousadia: o cotidiano do professor*. Tradução de Adriana Lopez. Rio de Janeiro: Paz e Terra, 1986.

SILVA, A.; RÊGO, R. Matemática e Literatura Infantil: Um estudo sobre a formação do conceito de multiplicação. In: BRITO, M. R. F. (Org.). Solução de problemas e a Matemática escolar. Campinas: Alínea, 2006. p. 207-236.

SKOVSMOSE, O. *Desafios da reflexão em Educação Matemática Crítica*. Campinas, SP: Papirus, 2008.

SKOVSMOSE, O. *Educação Crítica: incerteza, matemática, responsabilidade*. Tradução de Maria Ap. Viggiani Bicudo. São Paulo: Cortez, 2007.

SKOVSMOSE, O. *Educação Matemática Crítica: a questão da democracia*. Campinas, SP: Papirus, 2001.

SMOLE, K. C. S.; DINIZ, M. I. S. Vieira. *Ler, escrever e resolver problemas: habilidades básicas para aprender matemática*. Porto Alegre: Artmed, 2001.

SMOLKA, A. L. B. Aprender, conhecer, raciocinar, compreender, enunciar: a argumentação nas relações de ensino. *Pro-Posições*, Faculdade de Educação. Campinas, SP, v. 18, n. 3(54), p. 15-28, set./dez. 2007.

SOUZA, A. P. G. *Histórias infantis e matemática: a mobilização de recursos, a apropriação de conhecimentos e a receptividade de alunos de 4ª série do ensino fundamental*. 2008. 207 f. Dissertação (Mestrado em Educação) - Centro de Educação e Ciências Humanas, Universidade Federal de São Carlos, São Carlos, 2008.

SOUZA, E. C. Pesquisa narrativa e escrita (auto)biográfica: interfaces metodológicas e formativas. In: SOUZA, E. C.; ABRAHÃO, M. H. M. B.(Orgs.) *Tempos, narrativas e ficções: a invenção de si*. Porto Alegre: EDIPUCRS, 2006. p. 135-147.

SOUZA, R. D. *Era uma vez... aprendizagens de professores escrevendo histórias infantis para ensinar matemática*. 2008. 242f. Dissertação (Mestrado em Educação) – Centro de Educação e Ciências Humanas, Universidade Federal de São Carlos, São Carlos, 2008.

THOMPSON, A. F. A relação entre concepções de matemática e ensino de matemática de professores na prática pedagógica. *Zetetiké*, Unicamp/Fac. Educação, CEMPEM, v. 5, n. 8, jul./dez. 1997. p. 9-44.

Outros títulos da coleção
Tendências em Educação Matemática

Afeto em competições matemáticas inclusivas – A relação dos jovens e suas famílias com a resolução de problemas
Autoras: *Nélia Amado, Susana Carreira, Rosa Tomás Ferreira*
    As dimensões afetivas constituem variáveis cada vez mais decisivas para alterar e tentar abolir a imagem fria, pouco entusiasmante e mesmo intimidante da Matemática aos olhos de muitos jovens e adultos. Sabe-se atualmente, de forma cabal, que os afetos (emoções, sentimentos, atitudes, percepções...) desempenham um papel central na aprendizagem da Matemática, designadamente na atividade de resolução de problemas. Na sequência do seu envolvimento em competições matemáticas inclusivas baseadas na internet, Nélia Amado, Susana Carreira e Rosa Tomás Ferreira debruçam-se sobre inúmeros dados e testemunhos que foram reunindo, através de questionários, entrevistas e conversas informais com alunos e pais, para caracterizar as dimensões afetivas presentes na participação de jovens alunos (dos 10 aos 14 anos) nos campeonatos de resolução de problemas SUB12 e SUB14. Neste livro, o leitor é convidado a percorrer várias das dimensões afetivas envolvidas na resolução de problemas desafiantes. A compreensão dessas dimensões ajudará a melhorar a relação das crianças e dos adultos com a Matemática e a formular uma imagem da Matemática mais humanizada, desafiante e emotiva.

Álgebra para a formação do professor – Explorando os conceitos de equação e de função
Autores: *Alessandro Jacques Ribeiro, Helena Noronha Cury*
    Neste livro, Alessandro Jacques Ribeiro e Helena Noronha Cury apresentam uma visão geral sobre os conceitos de equação e de função, explorando o tópico com vistas à formação do professor de Matemática. Os autores trazem aspectos históricos da constituição desses conceitos ao longo da História da Matemática e discutem os diferentes significados que até hoje perpassam as produções sobre esses tópicos. Com vistas à formação inicial ou continuada de professores de Matemática, Alessandro e Helena enfocam, ainda, alguns documentos oficiais que abordam o ensino de equações e de funções, bem como exemplos de problemas encontrados em livros didáticos. Também

apresentam sugestões de atividades para a sala de aula de Matemática, abordando os conceitos de equação e de função, com o propósito de oferecer aos colegas, professores de Matemática de qualquer nível de ensino, possibilidades de refletir sobre os pressupostos teóricos que embasam o texto e produzir novas ações que contribuam para uma melhor compreensão desses conceitos, fundamentais para toda a aprendizagem matemática.

Análise de erros – O que podemos aprender com as respostas dos alunos
Autora: *Helena Noronha Cury*

Neste livro, Helena Noronha Cury apresenta uma visão geral sobre a análise de erros, fazendo um retrospecto das primeiras pesquisas na área e indicando teóricos que subsidiam investigações sobre erros. A autora defende a ideia de que a análise de erros é uma abordagem de pesquisa e também uma metodologia de ensino, se for empregada em sala de aula com o objetivo de levar os alunos a questionarem suas próprias soluções. O levantamento de trabalhos sobre erros desenvolvidos no país e no exterior, apresentado na obra, poderá ser usado pelos leitores segundo seus interesses de pesquisa ou ensino. A autora apresenta sugestões de uso dos erros em sala de aula, discutindo exemplos já trabalhados por outros investigadores. Nas conclusões, a pesquisadora sugere que discussões sobre os erros dos alunos venham a ser contempladas em disciplinas de cursos de formação de professores, já que podem gerar reflexões sobre o próprio processo de aprendizagem.

Aprendizagem em Geometria na educação básica – A fotografia e a escrita na sala de aula
Autores: *Cleane Aparecida dos Santos, Adair Mendes Nacarato*

Muitas pesquisas têm sido produzidas no campo da Educação Matemática sobre o ensino de Geometria. No entanto, o professor, quando deseja implementar atividades diferenciadas com seus alunos, depara-se com a escassez de materiais publicados. As autoras, diante dessa constatação, constroem, desenvolvem e analisam uma proposta alternativa para explorar os conceitos geométricos, aliando o uso de imagens fotográficas às produções escritas dos alunos. As autoras almejam que o compartilhamento da experiência vivida possa contribuir tanto para o campo da pesquisa quanto para as práticas pedagógicas dos professores que ensinam Matemática nos anos iniciais do ensino fundamental.

Brincar e jogar – enlaces teóricos e metodológicos no campo da Educação Matemática
Autor: *Cristiano Alberto Muniz*

Neste livro, o autor apresenta a complexa relação jogo/ brincadeira e a aprendizagem matemática. Além de discutir as diferentes perspectivas da relação jogo e Educação Matemática, ele favorece uma reflexão do quanto o conceito de Matemática implica a produção da concepção de jogos para a aprendizagem, assim como o delineamento conceitual do jogo nos propicia visualizar novas possibilidades de utilização dos jogos na Educação Matemática. Entrelaçando diferentes perspectivas teóricas e metodológicas sobre o jogo, ele apresenta análises sobre produções matemáticas realizadas por crianças em processo de escolarização em jogos ditos espontâneos, fazendo um contraponto às expectativas do educador em relação às suas potencialidades para a aprendizagem matemática. Ao trazer reflexões teóricas sobre o jogo na Educação Matemática e revelar o jogo efetivo das crianças em processo de produção matemática, a obra tanto apresenta subsídios para o desenvolvimento da investigação científica quanto para a práxis pedagógica por meio do jogo na sala de aula de Matemática.

Da etnomatemática a arte-design e matrizes cíclicas
Autor: *Paulus Gerdes*

Neste livro, o leitor encontra uma cuidadosa discussão e diversos exemplos de como a Matemática se relaciona com outras atividades humanas. Para o leitor que ainda não conhece o trabalho de Paulus Gerdes, esta publicação sintetiza uma parte considerável da obra desenvolvida pelo autor ao longo dos últimos 30 anos. E para quem já conhece as pesquisas de Paulus, aqui são abordados novos tópicos, em especial as matrizes cíclicas, ideia que supera não só a noção de que a Matemática é independente de contexto e deve ser pensada como o símbolo da pureza, mas também quebra, dentro da própria Matemática, barreiras entre áreas que muitas vezes são vistas de modo estanque em disciplinas da graduação em Matemática ou do ensino médio.

Descobrindo a Geometria Fractal – Para a sala de aula
Autor: *Ruy Madsen Barbosa*

Neste livro, Ruy Madsen Barbosa apresenta um estudo dos belos fractais voltado para seu uso em sala de aula, buscando a sua introdução na Educação Matemática brasileira, fazendo bastante apelo ao visual artístico, sem prejuízo da precisão e rigor matemático. Para alcançar esse objetivo, o autor incluiu capítulos específicos, como os de criação e de exploração de fractais, de manipulação de material concreto, de relacionamento com o triângulo de Pascal, e particularmente um com recursos computacionais com *softwares* educacionais em uso no Brasil. A inserção de dados e comentários históricos tornam o texto de interessante leitura. Anexo ao livro é fornecido o CD-Nfract, de Francesco Artur Perrotti, para construção dos lindos fractais de Mandelbrot e Julia.

Diálogo e aprendizagem em Educação Matemática
Autores: *Helle AlrØ e Ole Skovsmose*

Neste livro, os educadores matemáticos dinamarqueses Helle Alrø e Ole Skovsmose relacionam a qualidade do diálogo em sala de aula com a aprendizagem. Apoiados em ideias de Paulo Freire, Carl Rogers e da Educação Matemática Crítica, esses autores trazem exemplos da sala de aula para substanciar os modelos que propõem acerca das diferentes formas de comunicação na sala de aula. Este livro é mais um passo em direção à internacionalização desta coleção. Este é o terceiro título da coleção no qual autores de destaque do exterior juntam-se aos autores nacionais para debaterem as diversas tendências em Educação Matemática. Skovsmose participa ativamente da comunidade brasileira, ministrando disciplinas, participando de conferências e interagindo com estudantes e docentes do Programa de Pós-Graduação em Educação Matemática da Unesp, em Rio Claro.

Didática da Matemática – Uma análise da influência francesa
Autor: *Luiz Carlos Pais*

Neste livro, Luiz Carlos Pais apresenta aos leitores conceitos fundamentais de uma tendência que ficou conhecida como "Didática Francesa". Educadores matemáticos franceses, na sua maioria, desenvolveram um modo próprio de ver a educação centrada na questão do ensino da Matemática. Vários educadores matemáticos do Brasil adotaram alguma versão dessa tendência ao trabalharem com concepções dos alunos, com formação de professores, entre outros temas. O autor é um dos maiores especialistas no país nessa tendência, e o leitor verá isso ao se familiarizar com conceitos como transposição didática, contrato didático, obstáculos epistemológicos e engenharia didática, entre outros.

Educação a Distância *online*
Autores: *Marcelo de Carvalho Borba, Ana Paula dos Santos Malheiros, Rúbia Barcelos Amaral*

Neste livro, os autores apresentam resultados de mais de oito anos de experiência e pesquisas em Educação a Distância *online* (EaDonline), com exemplos de cursos ministrados para professores de Matemática. Além de cursos, outras práticas pedagógicas, como comunidades virtuais de aprendizagem e o desenvolvimento de projetos de modelagem realizados a distância, são descritas. Ainda que os três autores deste livro sejam da área de Educação Matemática, algumas das discussões nele apresentadas, como formação de professores, o papel docente em EaDonline, além de questões de metodologia de pesquisa qualitativa, podem ser adaptadas a outras áreas do conhecimento. Neste sentido, esta obra se dirige àquele que ainda não está familiarizado com a EaDonline e também àquele que busca refletir de forma mais intensa sobre sua prática nesta modalidade educacional. Cabe destacar que os três autores têm ministrado aulas em ambientes virtuais de aprendizagem.

Educação Estatística – Teoria e prática em ambientes de modelagem matemática
Autores: *Celso Ribeiro Campos, Maria Lúcia Lorenzetti Wodewotzki, Otávio Roberto Jacobini*

Este livro traz ao leitor um estudo minucioso sobre a Educação Estatística e oferece elementos fundamentais para o ensino e a aprendizagem em sala de aula dessa disciplina, que vem se difundindo e já integra a grade curricular dos ensinos fundamental e médio. Os autores apresentam aqui o que apontam as pesquisas desse campo, além de fomentarem discussões acerca das teorias e práticas em interface com a modelagem matemática e a educação crítica.

Educação Matemática de Jovens e Adultos – Especificidades, desafios e contribuições
Autora: *Maria da Conceição F. R. Fonseca*

Neste livro, Maria da Conceição F. R. Fonseca apresenta ao leitor uma visão do que é a Educação de Adultos e de que forma essa se entrelaça com a Educação Matemática. A autora traz para o leitor reflexões atuais feitas por ela e por outros educadores que são referência na área de Educação de Jovens e Adultos no país. Este quinto volume da coleção Tendências em Educação Matemática certamente irá impulsionar a pesquisa e a reflexão sobre o tema, fundamental para a compreensão da questão do ponto de vista social e político.

Etnomatemática – Elo entre as tradições e a modernidade
Autor: *Ubiratan D'Ambrosio*

Neste livro, Ubiratan D'Ambrosio apresenta seus mais recentes pensamentos sobre Etnomatemática, uma tendência da qual é um dos fundadores. Ele propicia ao leitor uma análise do papel da Matemática na cultura ocidental e da noção de que Matemática é apenas uma forma de Etnomatemática. O autor discute como a análise desenvolvida é relevante para a sala de aula. Faz ainda um arrazoado de diversos trabalhos na área já desenvolvidos no país e no exterior.

Etnomatemática em movimento
Autoras: *Gelsa Knijnik, Fernanda Wanderer, Ieda Maria Giongo, Claudia Glavam Duarte*

Integrante da coleção Tendências em Educação Matemática, este livro traz ao público um minucioso estudo sobre os rumos da Etnomatemática, cuja referência principal é o brasileiro Ubiratan D'Ambrosio. As ideias aqui discutidas tomam como base o desenvolvimento dos estudos etnomatemáticos e a forma como o movimento de continuidades e deslocamentos tem marcado esses trabalhos, centralmente ocupados em questionar a política do conhecimento dominante. As autoras refletem aqui sobre as discussões atuais em torno das pesquisas etnomatemáticas e o percurso tomado sobre essa vertente da Educação Matemática, desde seu surgimento, nos anos 1970, até os dias atuais.

Fases das tecnologias digitais em Educação Matemática – Sala de aula e internet em movimento
Autores: *Marcelo de Carvalho Borba, Ricardo Scucuglia Rodrigues da Silva, George Gadanidis*

Com base em suas experiências enquanto docentes e pesquisadores, associadas a uma análise acerca das principais pesquisas desenvolvidas no Brasil sobre o uso de tecnologias digitais no ensino e aprendizagem de Matemática, os autores apresentam uma perspectiva fundamentada em quatro fases. Inicialmente, os leitores encontram uma descrição sobre cada uma dessas fases, o que inclui a apresentação de visões teóricas e exemplos de atividades matemáticas características em cada momento. Baseados na "perspectiva das quatro fases", os autores discutem questões sobre o atual momento (quarta fase). Especificamente, eles exploram o uso do *software* GeoGebra no estudo do conceito de derivada, a utilização da internet em sala de aula e a noção denominada performance matemática digital, que envolve as artes.

Este livro, além de sintetizar de forma retrospectiva e original uma visão sobre o uso de tecnologias em Educação Matemática, resgata e compila de maneira exemplificada questões teóricas e propostas de atividades, apontando assim inquietações importantes sobre o presente e o futuro da sala de aula de Matemática. Portanto, esta obra traz assuntos potencialmente interessantes para professores e pesquisadores que atuam na Educação Matemática.

Filosofia da Educação Matemática
Autores: *Maria Aparecida Viggiani Bicudo, Antonio Vicente Marafioti Garnica*

Neste livro, Maria Bicudo e Antonio Vicente Garnica apresentam ao leitor suas ideias sobre Filosofia da Educação Matemática. Eles propiciam ao leitor a oportunidade de refletir sobre questões relativas à Filosofia da Matemática, à Filosofia da Educação e mostram as novas perguntas que definem essa tendência em Educação Matemática. Neste livro, em vez de ver a Educação Matemática sob a ótica da Psicologia ou da própria Matemática, os autores a veem sob a ótica da Filosofia da Educação Matemática.

Formação matemática do professor – Licenciatura e prática docente escolar

Autores: *Plinio Cavalcante Moreira e Maria Manuela M. S. David*

Neste livro, os autores levantam questões fundamentais para a formação do professor de Matemática. Que Matemática deve o professor de Matemática estudar? A acadêmica ou aquela que é ensinada na escola? A partir de perguntas como essas, os autores questionam essas opções dicotômicas e apontam um terceiro caminho a ser seguido. O livro apresenta diversos exemplos do modo como os conjuntos numéricos são trabalhados na escola e na academia. Finalmente, cabe lembrar que esta publicação inova ao integrar o livro com a internet. No site da editora www.autenticaeditora.com.br, procure por Educação Matemática e pelo título "A formação matemática do professor: licenciatura e prática docente escolar", onde o leitor pode encontrar alguns textos complementares ao livro e apresentar seus comentários, críticas e sugestões, estabelecendo, assim, um diálogo online com os autores.

História na Educação Matemática – Propostas e desafios

Autores: *Antonio Miguel e Maria Ângela Miorim*

Neste livro, os autores discutem diversos temas que interessam ao educador matemático. Eles abordam História da Matemática, História da Educação Matemática e como essas duas regiões de inquérito podem se relacionar com a Educação Matemática. O leitor irá notar que eles também apresentam uma visão sobre o que é História e abordam esse difícil tema de uma forma acessível ao leitor interessado no assunto. Este décimo volume da coleção certamente transformará a visão do leitor sobre o uso de História na Educação Matemática.

Informática e Educação Matemática

Autores: *Marcelo de Carvalho Borba, Miriam Godoy Penteado*

Os autores tratam de maneira inovadora e consciente da presença da informática na sala de aula quando do ensino de Matemática. Sem prender-se a clichês que entusiasmadamente apoiam o uso de computadores para o ensino de Matemática ou criticamente negam qualquer uso desse tipo, os autores citam exemplos práticos, fundamentados em explicações teóricas objetivas, de como se pode relacionar Matemática e informática em sala de aula. Tratam também de questões políticas relacionadas à adoção de computadores e calculadoras gráficas para o ensino de Matemática.

Interdisciplinaridade e aprendizagem da Matemática em sala de aula

Autores: *Vanessa Sena Tomaz e Maria Manuela M. S. David*

Como lidar com a interdisciplinaridade no ensino da Matemática? De que forma o professor pode criar um ambiente favorável que o ajude a perceber o que e como seus alunos aprendem? Essas são algumas das questões elucidadas pelas autoras neste livro, voltado não só para os envolvidos com Educação Matemática como também para os que se interessam por educação em geral. Isso porque um dos benefícios deste trabalho é a compreensão de que a Matemática está sendo chamada a engajar-se na crescente preocupação com a formação integral do aluno como cidadão, o que chama a atenção para a necessidade de tratar o ensino da disciplina levando-se em conta a complexidade do contexto social e a riqueza da visão interdisciplinar na relação entre ensino e aprendizagem, sem deixar de lado os desafios e as dificuldades dessa prática.

Para enriquecer a leitura, as autoras apresentam algumas situações ocorridas em sala de aula que mostram diferentes abordagens interdisciplinares dos conteúdos escolares e oferecem elementos para que os professores e os formadores de professores criem formas cada vez mais produtivas de se ensinar e inserir a compreensão matemática na vida do aluno.

Investigações matemáticas na sala de aula
Autores: *João Pedro da Ponte, Joana Brocardo, Hélia Oliveira*

Neste livro, os autores – todos portugueses – analisam como práticas de investigação desenvolvidas por matemáticos podem ser trazidas para a sala de aula. Eles mostram resultados de pesquisas ilustrando as vantagens e dificuldades de se trabalhar com tal perspectiva em Educação Matemática. Geração de conjecturas, reflexão e formalização do conhecimento são aspectos discutidos pelos autores ao analisarem os papéis de alunos e professores em sala de aula quando lidam com problemas em áreas como geometria, estatística e aritmética.

Lógica e linguagem cotidiana – Verdade, coerência, comunicação, argumentação
Autores: *Nílson José Machado e Marisa Ortegoza da Cunha*

Neste livro, os autores buscam ligar as experiências vividas em nosso cotidiano a noções fundamentais tanto para a Lógica como para a Matemática. Através de uma linguagem acessível, o livro possui uma forte base filosófica que sustenta a apresentação sobre Lógica e certamente ajudará a coleção a ir além dos muros do que hoje é denominado Educação Matemática. A bibliografia comentada permitirá que o leitor procure outras obras para aprofundar os temas de seu interesse, e um índice remissivo, no final do livro, permitirá que o leitor ache facilmente explicações sobre vocábulos como contradição, dilema, falácia, proposição e sofisma. Embora este livro seja recomendado a estudantes de cursos de graduação e de especialização, em todas as áreas, ele também se destina a um público mais amplo. Visite também o site *www.rc.unesp.br/igce/pgem/gpimem.html.*

Matemática e arte
Autor: *Dirceu Zaleski Filho*
Neste livro, Dirceu Zaleski Filho propõe reaproximar a Matemática e a arte no ensino. A partir de um estudo sobre a importância da relação entre essas áreas, o autor elabora aqui uma análise da contemporaneidade e oferece ao leitor uma revisão integrada da História da Matemática e da História da Arte, revelando o quão benéfica sua conciliação pode ser para o ensino. O autor sugere aqui novos caminhos para a Educação Matemática, mostrando como a Segunda Revolução Industrial – a eletroeletrônica, no século XXI – e a arte de Paul Cézanne, Pablo Picasso e, em especial, Piet Mondrian contribuíram para essa reaproximação, e como elas podem ser importantes para o ensino de Matemática em sala de aula.
Matemática e Arte é um livro imprescindível a todos os professores, alunos de graduação e de pós-graduação e, fundamentalmente, para professores da Educação Matemática.

Modelagem em Educação Matemática
Autores: *João Frederico da Costa de Azevedo Meyer, Ademir Donizeti Caldeira, Ana Paula dos Santos Malheiros*
A partir de pesquisas e da experiência adquirida em sala de aula, os autores deste livro oferecem aos leitores reflexões sobre aspectos da Modelagem e suas relações com a Educação Matemática. Esta obra mostra como essa disciplina pode funcionar como uma estratégia na qual o aluno ocupa lugar central na escolha de seu currículo.
Os autores também apresentam aqui a trajetória histórica da Modelagem e provocam discussões sobre suas relações, possibilidades e perspectivas em sala de aula, sobre diversos paradigmas educacionais e sobre a formação de professores. Para eles, a Modelagem deve ser datada, dinâmica, dialógica e diversa. A presente obra oferece um minucioso estudo sobre as bases teóricas e práticas da Modelagem e, sobretudo, a aproxima dos professores e alunos de Matemática.

O uso da calculadora nos anos iniciais do ensino fundamental
Autoras: *Ana Coelho Vieira Selva e Rute Elizabete de Souza Borba*
Neste livro, Ana Selva e Rute Borba abordam o uso da calculadora em sala de aula, desmistificando preconceitos e demonstrando a grande contribuição dessa ferramenta para o processo de aprendizagem da Matemática. As autoras apresentam pesquisas, analisam propostas de uso da calculadora em livros didáticos e descrevem experiências inovadoras

em sala de aula em que a calculadora possibilitou avanços nos conhecimentos matemáticos dos estudantes dos anos iniciais do ensino fundamental. Trazem também diversas sugestões de uso da calculadora na sala de aula que podem contribuir para um novo olhar, por parte dos professores, para o uso dessa ferramenta no cotidiano da escola.

Pesquisa em ensino e sala de aula – Diferentes vozes em uma investigação
Autores: *Marcelo de Carvalho Borba, Helber Rangel Formiga Leite de Almeida, Telma Aparecida de Souza Gracias*
   Pesquisa em ensino e sala de aula: diferentes vozes em uma investigação não se trata apenas de uma obra sobre metodologia de pesquisa: neste livro, os autores abordam diversos aspectos da pesquisa em ensino e suas relações com a sala de aula. Motivados por uma pergunta provocadora, eles apontam que as pesquisas em ensino são instigadas pela vivência dos professores em suas salas de aulas, e esse "cotidiano" dispara inquietações acerca de sua atuação, de sua formação, entre outras. Ainda, os autores lançam mão da metáfora das "vozes" para indicar que o pesquisador, seja iniciante ou mesmo experiente, não está sozinho em uma pesquisa, ele "escuta" a literatura e os referenciais teóricos e os entrelaça com a metodologia e os dados produzidos.

Pesquisa Qualitativa em Educação Matemática
Organizadores: *Marcelo de Carvalho Borba, Jussara de Loiola Araújo*
   Os autores apresentam, neste livro, algumas das principais tendências no que tem sido denominado "Pesquisa Qualitativa em Educação Matemática". Essa visão de pesquisa está baseada na ideia de que há sempre um aspecto subjetivo no conhecimento produzido. Não há, nessa visão, neutralidade no conhecimento que se constrói. Os quatro capítulos explicam quatro linhas de pesquisa em Educação Matemática, na vertente qualitativa, que são representativas do que de importante vem sendo feito no Brasil. São capítulos que revelam a originalidade de seus autores na criação de novas direções de pesquisa.

Psicologia na Educação Matemática
Autor: *Jorge Tarcísio da Rocha Falcão*
   Neste livro, o autor apresenta ao leitor a Psicologia da Educação Matemática, embasando sua visão em duas partes. Na primeira, ele discute temas como psicologia do desenvolvimento e psicologia escolar e da aprendizagem, mostrando como um novo domínio emerge dentro dessas áreas mais tradicionais. Em segundo lugar, são apresentados resultados de pesquisa, fazendo a conexão com a prática daqueles que militam na sala de aula. O autor defende a especificidade deste novo domínio,

na medida em que é relevante considerar o objeto da aprendizagem, e sugere que a leitura deste livro seja complementada por outros desta coleção, como *Didática da Matemática: sua influência francesa, Informática e Educação Matemática e Filosofia da Educação Matemática*.

Relações de gênero, Educação Matemática e discurso – Enunciados sobre mulheres, homens e matemática
Autoras: *Maria Celeste Reis Fernandes de Souza, Maria da Conceição F. R. Fonseca*

Neste livro, as autoras nos convidam a refletir sobre o modo como as relações de gênero permeiam as práticas educativas, em particular as que se constituem no âmbito da Educação Matemática. Destacando o caráter discursivo dessas relações, a obra entrelaça os conceitos de *gênero*, *discurso* e *numeramento* para discutir enunciados envolvendo mulheres, homens e Matemática. As autoras elegeram quatro enunciados que circulam recorrentemente em diversas práticas sociais: "Homem é melhor em Matemática (do que mulher)"; "Mulher cuida melhor... mas precisa ser cuidada"; "O que é escrito vale mais" e "Mulher também tem direitos". A análise que elas propõem aqui mostra como os discursos sobre relações de gênero e matemática repercutem e produzem desigualdades, impregnando um amplo espectro de experiências que abrange aspectos afetivos e laborais da vida doméstica, relações de trabalho e modos de produção, produtos e estratégias da mídia, instâncias e preceitos legais e o cotidiano escolar.

Tendências internacionais em formação de professores de Matemática
Organizador: *Marcelo de Carvalho Borba*

Neste livro, alguns dos mais importantes pesquisadores em Educação Matemática, que trabalham em países como África do Sul, Estados Unidos, Israel, Dinamarca e diversas Ilhas do Pacífico, nos trazem resultados dos trabalhos desenvolvidos. Esses resultados e os dilemas apresentados por esses autores de renome internacional são complementados pelos comentários que Marcelo C. Borba faz na apresentação, buscando relacionar as experiências deles com aquelas vividas por nós no Brasil. Borba aproveita também para propor alguns problemas em aberto, que não foram tratados por eles, além de destacar um exemplo de investigação sobre a formação de professores de Matemática que foi desenvolvida no Brasil.

Este livro foi composto com tipografia Palatino e impresso em papel Off-White 70 g/m² na Formato Artes Gráficas.